基于仿真的结构优化方法

毛虎平 著

电子工业出版社·
Publishing House of Electronics Industry
北京·BEIJING

内容简介

本书全面介绍了机械结构优化方法，包括针对不同动态分析问题谱元法的动态仿真建模方法及其结构动态响应优化方法、考虑所有节点等效静态载荷法的结构动态响应优化方法、将优化要素与结构几何特点及工程要求结合的结构静态优化方法等。本书共 7 章：第 1 章为绪论，第 2 章为基于谱元法的结构动态分析方法，第 3 章为基于时间谱元法的动态响应优化方法，第 4 章为基于面向所有节点等效静态载荷的模态叠加法的结构动态响应优化方法，第 5 章为基于局部特征子结构法的连续结构优化方法，第 6 章为基于子结构平均单元能量的结构动态特性优化方法，第 7 章为基于节点里兹势能主自由度的结构动态缩减方法。

本书内容丰富，具有较强的前沿性和可操作性，可供从事机械系统或结构分析优化设计的工程师参考，也可作为研究生或高年级本科生机械结构优化课程的参考教材。

未经许可，不得以任何方式复制或抄袭本书之部分或全部内容。
版权所有，侵权必究。

图书在版编目（CIP）数据

基于仿真的结构优化方法 / 毛虎平著．—北京：电子工业出版社，2019.6
ISBN 978-7-121-36572-0

Ⅰ．①基… Ⅱ．①毛… Ⅲ．①机械设计—结构设计 Ⅳ．①TH122

中国版本图书馆 CIP 数据核字（2019）第 092834 号

策划编辑：米俊萍
责任编辑：米俊萍
印　　刷：北京虎彩文化传播有限公司
装　　订：北京虎彩文化传播有限公司
出版发行：电子工业出版社
　　　　　北京市海淀区万寿路 173 信箱　邮编 100036
开　　本：720×1 000　1/16　印张：13.75　字数：198 千字
版　　次：2019 年 6 月第 1 版
印　　次：2024 年 1 月第 3 次印刷
定　　价：88.00 元

凡所购买电子工业出版社图书有缺损问题，请向购买书店调换。若书店售缺，请与本社发行部联系，联系及邮购电话：（010）88254888，88258888。
质量投诉请发邮件至 zlts@phei.com.cn，盗版侵权举报请发邮件至 dbqq@phei.com.cn。
本书咨询联系方式：mijp@phei.com.cn，（010）88254759。

前 言
Foreword

人类行为和自然进化均与最优化紧密相关。工程师通过调整各种参数使得产品性能达到最优；制造商则设计不同的加工过程使生产率最高、生产成本最低或产品性能最好；自然系统的进化是优胜劣汰的过程，可使各种生物在最恶劣的条件下最适宜地生存；物理系统会自然地趋于能量最低的状态。

产品建模与仿真优化的最终目的是实现产品的优化设计。仿真优化是指基于系统仿真的参数优化，它针对仿真模型建立优化问题，采用相关的优化搜索算法进行求解，是基于仿真的目标或/和约束的优化问题。基于仿真的优化根据仿真问题的类型分为静态优化和动态优化。基于仿真的动态优化又可分为基于仿真的动态响应优化、基于仿真的动态特性优化和基于仿真的动态疲劳优化。基于仿真的动态优化不仅是仿真优化问题，而且还是动态优化问题。

机械结构几乎都是在动态载荷环境下工作的，其各种性能都是依赖于时间的函数。为了提升机器的动态性能，动态优化非常必要。然而，当前动态优化设计理论与方法难以适应现代化产品设计的需要。传统的机械结构优化几乎都是静态优化，没有考虑由于动态载荷的作用而产生的动态效应，即在静态力作用下，应用经典优化算法优化，难以实现动态载荷作用下机器性能最佳。另外，即便进行动态优化，也只是直接进行优化。由于动态分析的复杂性和高耗时性，直接进行动态优化收敛速度极慢，甚至发散。鉴于此，中北大学于2007年将作者派往华中科技大学攻读博士学位，师从动态仿真优化专家陈立平教授和吴义忠教授，重点研究结构在动态载荷作用下的优化理论与方法。本书系统总结了作者自2007年以来的研究成果。

本书章节安排如下：第 1 章绪论，主要介绍本书所做研究的目的、意义，以及国内外研究概况；第 2 章基于谱元法的结构动态分析方法，主要介绍任意载荷振动问题分析的 Chebyshev 谱元法、聚集单元谱元法在承受冲击载荷结构动态分析中的应用和非线性振动分析的 Chebyshev 谱元法；第 3 章基于时间谱元法的动态响应优化方法，主要介绍机械结构动态响应优化模型、动态响应优化方法、线性单自由度系统的最优化设计、线性两自由度减振器最优化设计和汽车悬架系统动态响应优化设计；第 4 章基于面向所有节点等效静态载荷的模态叠加法的结构动态响应优化方法，主要介绍模态叠加法、等效静态载荷法和关键时间点集；第 5 章基于局部特征子结构法的连续结构优化方法，主要介绍连续结构优化问题描述和子结构法；第 6 章基于子结构平均单元能量的结构动态特性优化方法，主要介绍结构动态特性优化问题描述、结构平均单元能量、子结构划分和基于子结构平均单元能量的结构动态特性优化方法的实施；第 7 章基于节点里兹势能主自由度的结构动态缩减方法，主要介绍节点里兹势能计算及主自由度选择、构造缩减系统和基于节点里兹势能主自由度的结构动态缩减方法的实施。

本书涉及的研究工作得到了国家自然科学基金项目"基于等效体积应变静态载荷的解空间谱元离散关键点方法及其在结构动态响应优化中的应用"（资助号：51275489）和山西省自然科学基金项目"基于能量评价 PDOFs 的多子结构精简等效静态载荷和刚体模态分离解析梯度的复杂结构动态响应优化基础研究"（资助号：201701D121082）的资助，在此表示诚挚的谢意。同时，中北大学机电工程学院的郭保全副教授，中北大学能源动力工程学院的张艳岗副教授、王强副教授、王艳华副教授、王军博士、刘勇博士、赵利华博士、王英博士、郑利峰博士、高鹏飞硕士等为本书的研究提出了许多宝贵建议，硕士生田力、刘鑫等在本书的写作修改方面做了大量工作，在此一并表示衷心感谢！

由于结构优化是一个具有挑战性的研究领域，并且仍处于蓬勃发展阶段，加之作者水平有限，本书难免存在疏漏之处，敬请读者批评指正。

目 录
Contents

第1章 绪论 ··· 1
  1.1 本书研究目的和意义 ··· 3
  1.2 国内外研究概况 ·· 4
      1.2.1 结构优化研究概况 ··· 4
      1.2.2 基于仿真的优化研究概况 ···································· 15
  1.3 本书主要研究内容、主要创新点与组织结构 ························· 19
      1.3.1 主要研究内容 ·· 19
      1.3.2 主要创新点 ·· 21
      1.3.3 组织结构 ·· 22

第2章 基于谱元法的结构动态分析方法 ································ 23
  2.1 谱元法 ··· 24
      2.1.1 瞬态和稳态响应分析 ··· 26
      2.1.2 全部状态变量的全局组装和求解 ··························· 29
  2.2 任意载荷振动问题分析的 Chebyshev 谱元法 ······················· 30
      2.2.1 振动问题及其积分形式 ······································ 30
      2.2.2 时间单元划分 ··· 31
      2.2.3 振动微分方程离散 ··· 31
      2.2.4 边界条件施加 ··· 34

2.3 聚集单元谱元法在承受冲击载荷结构动态分析中的应用 …………… 34
    2.3.1 线性结构动态响应方程及其转化形式 ………………………… 36
    2.3.2 聚集单元划分 …………………………………………………… 36
    2.3.3 单元分析 ………………………………………………………… 38
    2.3.4 集成总体谱元方程及求解 ……………………………………… 40
2.4 非线性振动分析的 Chebyshev 谱元法 ……………………………… 40
2.5 算例分析 …………………………………………………………… 42
    2.5.1 任意载荷振动问题分析 ………………………………………… 42
    2.5.2 聚集单元谱元法 ………………………………………………… 52
    2.5.3 非线性振动分析 ………………………………………………… 60
2.6 本章小结 …………………………………………………………… 65

第 3 章 基于时间谱元法的动态响应优化方法 …………………………… 67
3.1 机械结构动态响应优化模型 ……………………………………… 69
3.2 动态响应优化方法 ………………………………………………… 70
3.3 线性单自由度系统的最优化设计 ………………………………… 70
3.4 线性两自由度减振器最优化设计 ………………………………… 79
3.5 汽车悬架系统动态响应优化设计 ………………………………… 91
    3.5.1 路况一 …………………………………………………………… 96
    3.5.2 路况二 ………………………………………………………… 101
3.6 本章小结 ………………………………………………………… 107

第 4 章 基于面向所有节点等效静态载荷的模态叠加法的结构动态
响应优化方法 …………………………………………………… 108
4.1 模态叠加法 ……………………………………………………… 110
4.2 等效静态载荷法 ………………………………………………… 111
4.3 关键时间点集 …………………………………………………… 113
4.4 方法流程 ………………………………………………………… 114

4.5 算例分析 ·· 115
  4.5.1 124 杆桁架结构尺寸优化 ······································· 115
  4.5.2 18 杆桁架结构尺寸与形状混合优化 ······················ 121
4.6 本章小结 ·· 127

第 5 章 基于局部特征子结构法的连续结构优化方法 ············· 129
5.1 连续结构优化问题描述 ··· 132
5.2 子结构法 ·· 132
5.3 子结构法的实施 ·· 134
5.4 基于子结构法的优化迭代 ·· 136
5.5 算例分析 ·· 138
  5.5.1 空腹梁设计 ·· 138
  5.5.2 柴油机活塞设计 ·· 143
5.6 本章小结 ·· 152

第 6 章 基于子结构平均单元能量的结构动态特性优化方法 ········ 154
6.1 结构动态特性优化问题描述 ·· 156
6.2 结构平均单元能量 ·· 157
  6.2.1 影响结构动态特性的因素 ······································· 157
  6.2.2 平均单元能量分析 ··· 158
6.3 子结构划分 ··· 160
6.4 基于子结构平均单元能量的结构动态特性优化方法的实施 ········ 164
6.5 124 杆桁架结构优化设计 ·· 165
  6.5.1 采用本章所提方法进行优化 ··································· 165
  6.5.2 基于几何特征和经验确定设计变量及其取值范围 ········ 172
  6.5.3 采用式（6.3）的优化模型寻优比较两种方法 ············ 174
6.6 本章小结 ·· 177

第 7 章　基于节点里兹势能主自由度的结构动态缩减方法 ·············· 178
 7.1　节点里兹势能计算及主自由度选择 ·············· 180
 7.2　构造缩减系统 ·············· 181
 7.3　基于节点里兹势能主自由度的结构动态缩减方法的实施 ·············· 183
 7.4　算例分析 ·············· 184
  7.4.1　圆柱曲板 ·············· 184
  7.4.2　曲轴 ·············· 188
 7.5　本章小结 ·············· 191

参考文献 ·············· 193

第 1 章

绪论

产品建模与仿真的最终目的是实现产品的优化设计。仿真优化是指基于系统仿真的参数优化，它是针对仿真模型建立的优化问题。采用相关的优化搜索算法进行求解的一整套技术，是基于仿真的目标或和约束的优化问题。其原理如图 1.1 所示，即基于模型仿真给出的输入关系构造优化模型，通过输出给优化算法得到最佳的输入量。如制造系统、交通系统、电力系统、化工系统等的许多工程问题都能归结为基于仿真的优化问题[1-3]。基于仿真的优化根据仿真问题的类型分为静态优化和动态优化。基于仿真的动态优化又可分为基于仿真的动态响应优化、基于仿真的动态特性优化和基于仿真的动态疲劳优化。基于仿真的动态优化不仅是仿真优化问题，而且是动态优化问题。从狭义上讲，动态响应优化是在动态载荷作用下的结构动态特性的最优化；从广义上讲，动态响应优化是指目标函数优化或约束函数与时间相关、而设计变量与时间无关的优化，当然后者包含前者。

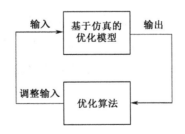

图 1.1 基于仿真模型优化的原理

基于仿真的优化的特点如下：

（1）系统输入输出的关系有两种，一种是缺少结构信息，不存在解析表达式，仅能通过仿真得到；另一种是虽然存在解析表达式，但是获得解析解比较困难，如微分方程或偏微分方程等，或者采用近似方法获得解析表达式，如结构的运动模型。

（2）在仿真优化时，一种仿真耗费时间较少，另一种仿真耗费时间则较多，且缺少针对这种情况的仿真优化算法，导致优化过程十分耗时，甚至不可能实现优化。

（3）对于大型连续结构，优化难度非常大，主要表现在：大型连续结构有限元分析耗时较长，寻优过程效率较低；连续结构参数化比较困难，但对于杆单元、平面单元、梁单元等简单单元来说，常以单元截面积、单元厚度及梁截面积为设计变量，很容易实现参数化。根据子结构方法的优势与优化过程中各个子功能的特点重新思考优化是一种有效的解决方案。

（4）设计变量及其取值范围的确定是对结构优化问题建立合理优化模型的前提，它们的取值直接决定了优化问题的收敛性与高效性。工程师一般结合经验尽量多取设计变量，尽量扩大设计变量的取值范围，这样做是为了避免漏掉关键设计变量及其包含的重要取值范围，但这样确定设计变量的取值范围没有任何理论依据。

鉴于基于仿真的结构优化工程背景和上述特点，它一直是很多领域，尤其是机械制造和航空航天等领域学者和工程师们共同关注的重要课题。随着计算机技术、人工智能技术和数学分析方法的发展，对基于仿真的结构优化研究更加迫在眉睫。

1.1 本书研究目的和意义

本书研究是在确定性优化的基础上进行的，其目的如下：

（1）在谱元法的基础上，实现对任意载荷振动问题的 Chebyshev 时间谱元法分析、对承受冲击载荷结构的聚集单元谱元法动态分析和对非线性振动的 Chebyshev 时间谱元法分析。

（2）研究基于时间谱元法的结构动态响应优化，并将谱元法与模态叠加法相结合应用于结构动态响应优化。

本书研究基于时间谱元法的系统动态响应设计，深入探讨时间域内的离散动态响应，将运动微分方程组转化为代数方程组，精确解出瞬态响应，用 Guass-Lobbato-Legendre（GLL）点法和关键点法处理时间约束；针对瞬态动力学分析的复杂性和等效静态载荷转化的不确定性，提出基于模态叠加的所有节点等效静态载荷法，并将其应用于动态响应优化。从模态叠加原理出发，分析动态响应与各模态的关系，然后通过详细分析等效静态载荷法的原理，给出基于模态响应的所有节点等效静态载荷的计算表达式，最后提出关键时间点集的所有节点等效静态载荷法，采用谱元离散插值且微分获得了时间关键点，并与邻近的 GLL 点组成关键时间点集。

（3）基于局部特征子结构方法的连续结构优化和基于子结构平均单元能量的结构动态特性优化。

本书从优化过程的各个子功能和连续结构的几何特征出发，将连续结构划分为参数化子结构、超单元和状态变量子结构，以参数化子结构的几何特征为设计变量，建立连续结构评价的目标函数；以最小的连续结构质量为优化目标，将参数化子结构和状态变量子结构所承载的连续结构应力应变作为约束条件,建立连续结构评价的最优化数学模型(其中隐含着整体结构局部几何不变而且不包含所需状态变量的局部构造,即超单元)。本书采用基于梯度的序列二次规划法对模型求解,实现一种基于局部特征子结构的连续结构高效优化方法。从建立优化模型出发,结合结构几何特性,将整体结构划分为多个准设计变量子结构,对于桁架结构来说,将每根杆作为一个子结构;对于连续结构而言,将多个单元作为一个子结构,再结合结构平均单元体积应变能及平均单元动能与结构动态响应贡献的关系,将平均单元体积应变能较大的结构单元作为尺寸应该变大的子结构,将平均单元动能较大的结构单元作为单元尺寸应该变小的子结构,从而确定设计变量的合理范围。本书推导了平均单元能量与结构动态响应的关系,构造了结构动态特性优化模型,调用基于梯度的优化器进行迭代寻优,实现了基于子结构平均单元能量的结构动态特性优化。

1.2　国内外研究概况

对基于仿真的结构优化方法的研究涉及结构优化和基于仿真的优化两个方面。

1.2.1　结构优化研究概况

结构优化的研究内容涉及子结构法、结构灵敏度计算、等效静态载荷法、谱元法及结构动态响应优化。

1)子结构法

结构优化设计是建立在精确的结构数学模型基础上的,而对于大型复杂结构，其动态响应还是以试验结果为准。对振动试验计算机仿真的研究难度很大，其核心问题是如何得到准确的振动响应。振动响应计算比静力计算、振动特性计算等难度都大得多。当前迫切需要提高大型复杂结构动态响应的计算精度与计算效率，子结构法是最合适的选择。

子结构法充分利用各个子系统的动态特性，以简便的计算过程获得可靠的原系统动力特性参数或动态响应，它是解决大型复杂结构动力分析的有效计算方法。根据采用的边界条件不同，子结构法可分为四大类[4]：约束子结构法[5]、自由子结构法[6]、混合子结构法[7]和载荷子结构法[8]。在20世纪60年代初，Hurty[9]首先提出模态综合法的概念，并建立约束模态综合法的基本框架，半个多世纪以来，模态综合法取得了很大的进展，其方法已定性化并已成为结构动态分析的一种常规方法。2000年，Craig[5]在Hurty的基础上进行了改进，形成约束子结构法。固定界面模态综合法是指在子结构的全部界面上附加约束，该方法在子结构的对接界面坐标中，不再区分静定约束坐标和赘余约束坐标，这使得固定界面模态综合法得到了广泛应用。自由界面子结构模态综合法是指以子结构的自由界面保留主模态集为其中一个子集，切断界面上的连接，将整体系统划分为空间中毫无关联的若干个子结构，然后利用相邻部件之间的界面位移协调及界面力的平衡条件，将之前完全释放的连接界面连接成一个整体。由于自由界面子结构模态综合法比较符合当前动态测试水平的要求，当需要通过试验来校核解析模型的可靠性时，这种方法很有吸引力。自由界面子结构模态综合法不仅计算精度优于固定界面子结构模态综合法，而且不受子结构界面坐标数目的限制，但是该方法复杂。混合界面子结构模态综合法是为了克服上述两种方法的缺点提出的。载荷子结构法改善了低阶模态的精度，但是随着模态数量的增加，其精度也将下降。以上述方法为基础还发展了很多其他方法，并得到了广泛应用[10,11]。

子结构法是一种通过对求解模型分块处理来降低仿真计算求解时间的

高级有限元分析方法，只要分块合理并建立模型的子结构数据库，便能极大地提升求解效率。

张焰等人[12]将子结构法用于对汽车车架的降噪分析，求解效率提升了94%。高鹏飞等人[13]应用ANSYS前处理模块对活塞内冷油腔进行分离，使用子结构法中超级单元的思路对活塞的机械应力及温度分布进行分析，通过与传统计算方案对比，验证了子结构法在活塞结构强度校核及温度分布方面应用的高效性及准确性。高鹏飞等人[14]为了提升活塞结构优化设计的求解效率，首次将子结构法引入结构的优化设计中，以某增压柴油机活塞为研究对象，研究结果显示，其优化迭代收敛时间减少了74.14%。在实际问题中，常常需要对模型的某些局部特征进行优化设计，为了克服传统意义上建模和优化效率低、参数化信息易丢失等缺点，刘波等人[15]充分运用三维CAD软件和CAE软件的优点，以Pro/ENGINEER软件和ANSYS自身的脚本语言APDL为平台进行模型参数化建立，并提出了三种面向局部特征优化的参数化设计方法。李芸等人[16]将子结构法运用到大底盘双塔连体结构中，通过对其进行结构静力学分析及模态分析，充分展现了子结构法在大型复杂模型仿真计算应用中的优势。柴国栋等人[17]应用ANSYS中的子结构模块对电子设备箱进行模态分析，并寻求提升整体结构刚度的方法。张明明等人[18]将子结构法运用到柴油机曲轴的有限元仿真分析中，通过对曲轴进行子结构划分及子结构数据库建立，组合出柴油机曲轴的子结构有限元模型，对其进行结构静力学分析及模态分析，并与传统有限元算法进行对比，发现两种计算方法的误差不超过工程上的误差允许范围，再一次证明了子结构法在结构有限元仿真计算领域的可行性。丁阳等人[19]将子结构法引入钢框架结构抗倒塌性能的评估中，通过对两个五层钢框架结构的抗倒塌评估可以证明该思路的高效性及准确性。丁晓红等人[20]在对汽车座椅骨架进行拓扑优化设计时引入了子结构的思想，通过逐步逼近的方法得到了座椅骨架的最优结构，缩小了该座椅骨架的体积。张盛等人[21]通过对比多重多级子结构法与模态综合法在结构模态分析计算中的精度，证明多重多级子结构法更加高效准确,在结构的高阶频率计算方面表现良好。张帆等人[22]在对客车车身进行拓扑优化的过程中引入子结构法,将不参与优化的部分设计成一个子结构,并通过适当的方式与待优化部分进行节点连接,缩减了整体计算模型的矩阵阶数,提升了车身拓扑优化设计的效率。李志刚等人[23]将高架铁路浮桥进行子结构划分,重组计算后也证明了子结构法的高效性。笔者对模型采用基于梯度的序列二次规划法进行求解,以某柴油机活塞连续结构为例进行分析优化,并从收敛性和高效性方面与传统优化方法进行比较,证明该方法的优越性[24]。

另外,笔者研究了多领域仿真优化中 SQP 算法的并行处理与调度策略,提出了基于多领域仿真的 SQP 算法并行优化问题中的抽象调度模型,即等式约束离散变量优化模型,并对算法理论的可行性做了深入探讨;采用机群系统构建了并行仿真优化环境,在自主研发的多领域统一建模与仿真平台 MWorks 下实现并行优化模块[25]。

大型复杂结构动力学分析需要对拥有大量自由度的模型进行计算,在高频激励力作用下,要求计算步长非常小,导致计算耗时指数级增加。为了提高计算效率,可在保证一定精度的情况下,用少自由度模型代替多自由度模型,即模型缩减。所谓模型缩减,是通过一定的变换,将对总体结构动力学分析影响较小的次自由度,用对总体结构动力学分析影响较大的少量自由度表示,以达到减小计算规模的目的,其中少量自由度就是 PDOFs。然而如何从庞大的自由度中选择 PDOFs,目前在结构动力学领域仍属极具挑战的问题。

不过目前学术界提出了一些选择 PDOFs 的原则,最具代表性的有:①将结构振动方向定为 PDOFs;②在质量或转动惯量相对较大而刚度相对较小的位置选择 PDOFs;③在施加力或非零位移的位置选择 PDOFs,这些原则仅仅是指导思想,具体选择 PDOFs 时,随意性较大。PDOFs 的位置和数目直接影响模态分析的精度。Jeong 等人[26]提出了一种阻尼系统基于自由度能量分布比率的 PDOFs 选择方法，为了估计结构的能量分布，采用双边 Lanczos 算法得到里兹向量，利用获得的里兹向量计算能量分布矩阵，将 DOFs 对应的最低的瑞利商作为 PDOFs。Kim 等人[27]提出了一种用于特征问题缩减的自由度分析选择方法，该方法根据结构系统模态自由度相关的能量进行选择，将能量分布矩阵加权行的值作为选择 PDOFs 的有效准则。Cho 等人[28]提出了一种单元级的能量估计方法，构建了一个小规模的有限元模型，通过里兹向量来计算每个单元的能量，将该能量值排序，并把小的能量值作为 PDOFs。

2）结构灵敏度计算

在结构优化中，灵敏度计算需要非常多的资源，因此有很多关于灵敏度计算效率的研究。灵敏度计算有三种方法，即有限差分法、基于离散方程的分析法和基于连续方程的分析法。其中，基于离散方程的分析法又分为分析法和半分析法，而基于连续方程的分析法基本上是完全分析法。分析法又包括直接差分法和伴随变量法。

在有限差分法中，中心差分法是最常用的一种，其中，目标函数和约束函数的灵敏度可表示为

$$\frac{\partial g_j}{\partial b_j} = \frac{g_j\left(\boldsymbol{b}+(\Delta \boldsymbol{b}/2)_i, \boldsymbol{z}(\boldsymbol{b}+(\Delta \boldsymbol{b}/2)_i), \boldsymbol{\xi}(\boldsymbol{b}+(\Delta \boldsymbol{b}/2)_i)\right)}{\Delta b_i} \\ - \frac{g_j\left(\boldsymbol{b}-(\Delta \boldsymbol{b}/2)_i, \boldsymbol{z}(\boldsymbol{b}-(\Delta \boldsymbol{b}/2)_i), \boldsymbol{\xi}(\boldsymbol{b}-(\Delta \boldsymbol{b}/2)_i)\right)}{\Delta b_i} \quad (1.1)$$

式中，$\boldsymbol{b}$ 为设计变量向量，$\boldsymbol{\xi}$ 为特征值，$\boldsymbol{z}$ 为节点位移向量。

当然，除了中心差分法，还有向前差分法和向后差分法，但中心差分法精度最高。有限差分法处理简单，而且可以采用现有仿真软件，通过将仿真模型看作一个黑箱函数来获得。但这种方法非常耗资源，特别是当需要反复进行有限元分析时。

当仿真代码计算耗费时间很少时，有限差分法是最好的灵敏度计算方

法。然而，对于工程问题，仿真一般都采用商业有限元软件，此时分析法更适用。基于离散方程的分析法可以表示为

$$\frac{\mathrm{d}\boldsymbol{g}_j}{\mathrm{d}\boldsymbol{b}_i} = \frac{\partial \boldsymbol{g}_j}{\partial \boldsymbol{b}_i} + \frac{\partial \boldsymbol{g}_j}{\partial \boldsymbol{z}}\frac{\mathrm{d}\boldsymbol{z}}{\mathrm{d}\boldsymbol{b}_i} + \frac{\partial \boldsymbol{g}_j}{\partial \boldsymbol{\xi}}\frac{\mathrm{d}\boldsymbol{\xi}}{\mathrm{d}\boldsymbol{b}_i} \tag{1.2}$$

在式（1.2）中，最难计算的是 $\frac{\partial \boldsymbol{g}_j}{\partial \boldsymbol{z}}\frac{\mathrm{d}\boldsymbol{z}}{\mathrm{d}\boldsymbol{b}_i}$，尤其是 $\frac{\mathrm{d}\boldsymbol{z}}{\mathrm{d}\boldsymbol{b}_i}$ 的计算很耗时。计算 $\frac{\mathrm{d}\boldsymbol{z}}{\mathrm{d}\boldsymbol{b}_i}$ 有两种方法，即直接差分法和伴随变量法。后者引入一个伴随方程 $\boldsymbol{K}\boldsymbol{\lambda}_j = \left(\frac{\partial \boldsymbol{g}_j}{\partial \boldsymbol{z}}\right)^{\mathrm{T}}$ $(j = 1, 2, \cdots, m)$，此时有

$$\frac{\partial \boldsymbol{g}_j}{\partial \boldsymbol{z}}\frac{\mathrm{d}\boldsymbol{z}}{\mathrm{d}\boldsymbol{b}_i} = \boldsymbol{\lambda}_j^{\mathrm{T}}\left(-\frac{\partial \boldsymbol{K}}{\partial \boldsymbol{b}_i}\boldsymbol{z}^{(k)} + \frac{\partial \boldsymbol{f}}{\partial \boldsymbol{b}_i}\right) \tag{1.3}$$

在优化过程中，伴随变量法需要求解的次数和被激活的约束个数相等。而直接差分法的求解次数和设计变量的个数相等。因此，评判两者的有效性需要具体问题具体分析。

在分析法中，质量矩阵和刚度矩阵的差分计算是最困难的。商业软件中对质量矩阵和刚度矩阵的计算通常采用基于有限元的有限差分法，然而其精度依赖于扰动尺寸的大小，特别是在大型复杂结构形状优化中，更是如此。基于连续方程的分析法是从积分公式开始，表示为

$$\delta\boldsymbol{\psi} = \int_{\Omega}\left(\boldsymbol{g}_z\delta\boldsymbol{z} + \boldsymbol{g}_b\delta\boldsymbol{b}\right)\mathrm{d}\Omega \tag{1.4}$$

式中，$\boldsymbol{g}_z = \frac{\partial \boldsymbol{g}}{\partial \boldsymbol{z}}$，$\boldsymbol{g}_b = \frac{\partial \boldsymbol{g}}{\partial \boldsymbol{b}}$，$\delta\boldsymbol{z} = \frac{\mathrm{d}\boldsymbol{z}}{\mathrm{d}\boldsymbol{b}}\delta\boldsymbol{b}$，计算 $\delta\boldsymbol{z}$ 至关重要。基于连续方程的分析法同样也分为直接差分法和伴随变量法两种。

由于半解析灵敏度分析（SAM）法结合了分析法的精度和有限差分法的高效性，而且适合在商业软件中应用，因此该方法一直是研究热点。1973年，Zienkiewicz 和 Campbell[29]提出了半解析灵敏度分析法。之后 Barthelemy 等人[30]和 Pauli[31]在研究中发现，半解析灵敏度分析法在某些应用中出现了

不精确的现象。为了解决这个问题，Olhoff 等人[32]提出中间差分方案来求解刚度矩阵的微分。1993 年，Cheng 和 Olhoff[33]研究发现了半解析灵敏度分析法存在不精确现象的真正原因，即当单元中存在刚体运动时，就会表现出不可靠的精度，其本质是刚体运动与截断误差直接相关。从这个原因出发，Keulen 和 Boer[34]提出了精细的半解析灵敏度分析（RSAM）法，它基于精确的刚体模态差分来消除由刚体模态导致的灵敏度误差。然而，当扰动尺寸比较大时，RSAM 法也不能获得足够的精度。因此，在半解析法中，需要考虑高阶项，在高阶项的扩展中逆矩阵可以通过 Neumann 级数展开[35]，同时对基于模态分解的 RSAM 也进行了一定研究，并描述了其在非线性结构分析中的应用。Cho 和 Kim[36]结合模态分解及 Neumann 级数展开研究了 RSAM 法。

3）等效静态载荷法

等效静态载荷法是将在等效静态载荷作用下的结构位移场与在动态载荷作用下某一时刻的位移场等效[37]，研究人员在前期研究中将等效静态载荷的概念进行了扩展：等效静态载荷不仅要代替动态载荷作用下产生的位移场，而且要代替体积应变能，也就是说其代替效果包含位移场和体积应变能。在等效载荷思想的驱动下，演化出两类方法：①基于时间关键点的等效静态载荷的结构动态响应优化；②基于所有结构动态分析时间步或设计者指定时间细分点结构等效静态载荷的结构动态响应优化。后者考虑了所有可能，将结构动态分析的每一步或设计者指定时间细分点的每一点都等效为一组静态载荷。对于过小的载荷步来说，该方法耗时太长，而对于稍大的载荷步来说，结构动态响应分析的相对精确性会受到一定影响。当然，如果有足够好的计算环境，这个问题影响不大。如果采用设计者指定的时间细分点，虽然不存在精度问题，但存在如何细分等问题。无论哪种方式，当考虑所有的时间点时，都存在庞大的约束条件和载荷状态，这给优化算法带来了极大挑战。笔者研究了如何高效识别关键时间点[38]，在关键点时刻，通过体积应变能等效将动态载荷更加合理地转化为静态载荷[39]，然后应用 SQP 多初始点方法求解，使其较好地收敛。然而，在该研究中没有考虑载荷位置矢量，即没有考虑等效静态载荷作用位置，只是将等效静态载荷作用在动态载荷作用的位置或凭经验应该加载荷的位置，这无疑存在一定的随机性。并且等效静态载荷作用的位置不同，再加上其取值空间的不确定性，所需计算时间与获得的结果自然不同。而且求解等效静态载荷的本质是一个优化问题，这样以等效静态载荷作为设计变量的优化需要确定其取值空间，这又存在一定的随机性，这些随机性会导致结果具有不确定性，而且求解等效静态载荷很耗时。针对结构动态分析的复杂性和等效静态载荷转化的不确定性，笔者提出基于模态叠加的所有节点等效静态载荷法，并将其应用到动态响应优化中，对 124 杆桁架结构进行动态响应尺寸优化和对 18 杆桁架结构进行尺寸与形状混合优化设计的结果表明，该方法是可行的和有效的[40]。针对结构动态响应优化中动态分析的复杂性与高耗时问题，笔者提出了基于全局动态应力解空间谱单元插值的关键时间点识别方法，找到了结构动态响应下最危险的时刻。具体来说，首先，利用模态叠加法，获得结构的模态应力分布，并计算全局动态应力解空间；然后，利用谱单元离散动态应力绝对极大值点曲线，采用 Lagrange 插值并调用区域细分全局优化求解器，找到全局动态应力的极大值与极小值，即得到关键时间点[41]。

4）谱元法

谱元法（Spectral Element Method，SEM）基于弹性力学方程弱形式基础，在有限单元上进行谱展开，该方法具备有限元方法适应任意复杂介质模型的韧性和谱方法的精度，又称为高阶有限元方法或谱方法的域分解。

Patera 于 1984 年提出谱元法[42]，并应用于流体动力学，其将有限元方法的处理边界和结构的灵活性与谱方法的快速收敛性结合起来。在相同精度的情况下，谱元法采用了较少的单元，减小了计算开销。谱元法包括空间谱元法、时间谱元法和空间-时间谱元法。空间谱元法利用区域嵌入技术，将实际问题中复杂的几何区域嵌入规则的矩形区域中，构造适当的谱元空间（相当于有限元方法的有限元空间），解决了谱方法对区域的要求[43]。时间谱元法则在有限元空间的基础上构造谱时间单元，然后在每个单元内进行插值，最后求解线性方程组。空间-时间谱元法是在一个谱单元内，将空间或时间离散为与 GLL 多项式零点或 Chebyshev 多项式零点相对应的网格点，在这些点上进行 Lagrange 插值[44]。从理论上来说，在一定点数上插值，当这些点是对应的正交多项式的零点时，获得的插值精度最高[45]。

关于谱元法的许多工作都取得了一定的进展。谱元法广泛应用于可压流体和不可压流体的数值模拟[46]。Pathria[47]采用谱元法解决了非光滑域的椭圆问题。Hesthaven[48]提出了使用开边界条件区域分解的谱方法。M. H. Kurdi[44]将时间谱元法用于常微分方程的整体求解，笔者[45]在 M. H. Kurdi 工作的基础上，将时间谱元法用于结构动态响应仿真。波的传播[49]为了扩展谱元法的适应性，针对承受冲击载荷的结构动态响应问题，从谱单元离散方案出发并根据冲击载荷的特点，以冲击载荷最大值点为中心将谱单元尺寸按一定比例等比例向两侧扩大，实现单元尺寸与载荷特征相适应。在此基础上，将动力学方程转化为一阶线性微分方程组，通过 Bubnov-Galerkin 法获得离散线性方程组并采用高斯消元法求解。将其与等距谱元法进行比较，可证明该方法的可行性和有效性[50]。笔者研究了用 Chebyshev 时间谱元法求解任意载荷作用下的振动问题，从 Bubnov-Galerkin 法出发，在第二类 Chebyshev 正交多项式极点处重心 Lagrange 插值来构造节点基函数并分析其特性，推导了任意载荷作用下振动问题的 Galerkin 谱元离散方案，利用最小二乘法求解线性方程组；以线性载荷、三角载荷、半正弦波载荷作用下的振动问题及正弦载荷作用下的悬臂梁振动问题为例，验证了该方法的可行性，并与配点法进行比较，进一步说明了该方法的高精度性和可靠性[51]。笔者还研究了用 Chebyshev 时间谱元法求解非线性振动问题，从 Bubnov-Galerkin 法出发，在第二类 Chebyshev 正交多项式极点处重心 Lagrange 插值来构造节点基函数并分析其特性，推导了非线性振动问题的 Galerkin 谱元离散方案，利用 Newton-Raphson 法求解非线性方程组；对于非线性单摆，还需要将二分法和重心 Lagrange 插值结合来求解角频率；以 Duffing 型非线性振动和非线性单摆振动问题为例，表明了该方法的可行性和高精度[52]。针对结构动态响应方程自由度很大，而谱元法是大自由度的矩阵与整体时间矩阵张量的乘积，求解起来非常耗内存和时间的问题，笔者提出了逐步时间谱元法。将仿真时间划分为很小的时间段，在每个时间段内划分单元，并在每个单元中采用谱展开近似，这样处理具有有限元处理复杂结构及边界的灵活性、谱方法的高精度及快速收敛、逐步划分仿真时间的高效性等特点[53]。针对传统结构动态响应优化方法的不足，笔者提出了元模型混合自适应优化与时间谱元法相结合的方法，从 Bubnov-Galerkin 法出发，深入探讨时间域内的离散动态响应，将整体结构动力学方程转化成代数方程组，精确、高效地求解动态响应；依据优化问题的特点，采用自适应策略选择对应的元模型进行优化；在优化过程中利用均匀网格获取有潜力点的数量，并将局部优化与多元模型混合自适应方法融合，使得优化结果更可靠。为了处理与时间相关的约束，笔者提出将关键点及其相邻 Gauss-Lobatto-Legendre 点组成集合的关键点集方法。但不论是精确性还是效率，元模型混合自适应优化与时间谱元法相结合的方法都更优于关键点集方法[54]。

谱元法的精度既可以通过增加每个单元上谱方法的自由度实现，也可以通过增加单元的数目来实现，最好的情形是每个单元上的自由度可以自由调节而不会相互制约，这样的谱元法才具有足够的灵活性。

一般地，采用时间谱元法求解结构动力学方程是不合适的，原因在于：如果离散的单元过多，则解线性方程组的过程费时并影响其应用；如果离散的单元过少，则动态响应不够准确，难以满足工程要求。另外，由于结构有限元离散后，自由度一般非常大，而时间谱元法求解结构动力学方程需要矩阵求逆运算，因此工程应用困难。解决此问题的方法是采用时间分段求解，并且在每一段中采用逐元技术[55]，然而，这样也不能从根本上解决其工程应用问题。在工程结构动力学分析中，结构单元数比较多，逐元技术每一单元的矩阵求逆运算也阻碍了它的工程应用。

5）结构动态响应优化

20世纪60年代，Niordson[56]提出了结构动态特性优化的概念并进行了相应的研究，从此拉开了结构动态优化——结构动态特性优化的序幕。早期的结构动态特性优化方法是分布参数结构优化方法，属于解析法，由于该方法中偏微分方程求解困难，因此只适用于一些简单的结构，对于大型复杂结构无能为力。随后，准则法和数学规划法得以发展，目前这部分内容已经比较成熟。

在结构设计中，精确获得外部载荷非常关键，但是在多数状况下困难重重，因此，一般先设置某个静态载荷进行静态优化设计。从严格意义上来说，结构所受载荷都是动态的。动态因子法可以将动态优化问题转化为静态优化问题，可是这样处理往往会造成结构过设计或欠设计，所以结构动态优化直接采用动态载荷更为合理[57]。

Wang等人[58]应用数学规划方法对动态载荷作用下的平面正交钢框架结构进行了优化设计，在优化时以结构固有频率不小于一定值、最大动位移和动应力不大于一定值为约束条件，以结构总质量为优化目标，但没有考虑结构阻尼。另外，其研究发现，结构参数的可行域在对其进行动态响应优化设计时一般是不连续的。秦健健等人[59]针对某柴油机连杆质量过大的问题，采用基于ANSYS的有限元结构仿真分析方法，利用APDL语言建立了柴油机连杆的有限元模型，在有限元分析的基础上，利用ISIGHT集成优化软件结合多岛遗传算法对连杆杆身进行优化设计，从而使杆身的质量降低了6.02%。Lin等人[60]使用单元重构法和结构形状渐进算法，对同时具有静态约束和动态约束的结构尺寸和节点坐标进行了有效的优化设计。Pantelides等人[61]针对其在优化时初始设计点为非可行点，使用一般优化方法不一定能收敛于全局最优解的缺点，将MISA算法（改进的模拟退火法）

应用于同时考虑结构动位移和动应力约束的结构动力优化问题,并将 MISA 算法与一般优化方法进行综合比较,验证了 MISA 算法的优势。Min 等人[62]利用均匀化和直接积分方法对冲击载荷作用下的薄板结构进行拓扑优化设计,此项工作具有一定的前瞻性和开创性。Du 等人[63]与以往考虑固有频率和动响应位移的动力优化不同,他们主要考虑如何降低结构的声辐射强度,在分析中忽略结构与声传播媒介的耦合作用,在简谐激励力的作用下,计算分析其结构参数的灵敏度,在此基础上成功进行了振动结构的拓扑优化。

概括起来,结构动态响应优化设计分为三个研究方向:①与时间相关约束的处理;②灵敏度分析;③近似。笔者所在课题组对①和③两个方向进行研究,提出基于 GLL 点集的处理与时间相关约束的方法[45,63,64]。该方法采用满足精度要求的较少谱单元求解运动微分方程,在每个单元内,对其高次 Lagrange 插值函数进行一维搜索找到单元绝对值极值点,将所有单元响应绝对最大值及其相邻的 2 个 GLL 点作为约束,将最大值附近的其他一些点包含其中,构成 GLL 点集约束。构件在动态载荷作用下产生的位移非常小或仅仅考虑某一方向的位移时,其几何形状或尺寸或多或少都会发生变化,这时构件内部每个单元体都会因动态载荷作用引起形状的相对改变,笔者所在课题组将动态载荷变化和体积应变对应起来,提出了等效体积应变静态载荷法[65],推导了以静态载荷作用的体积应变和动态载荷变化的函数关系,实现等效体积应变。

1.2.2 基于仿真的优化研究概况

仿真优化迭代过程中需要调用仿真程序来计算目标函数和约束函数的值。响应面方法是提高仿真优化效率的有效途径。响应面(Response Surface)是指输出响应变量 Y 与一组输入变量$(x_1, x_2, \cdots, x_n)$之间的函数关系。通常,响应面反映的是某个计算密集的复杂原模型(如多领域仿真模型、FEA 模型、CFD 模型等）的近似模型。因此，响应面又称为代理模型（Surrogate）或元模型（Meta-model），即模型的模型。

响应面方法（Response Surface Method，RSM）是指通过构造原模型的响应面来解决原模型的设计或分析等问题的近似方法。据报道[66]，福特汽车公司进行一次汽车碰撞模型的仿真分析需要 36~160 小时。要实现该模型两个变量的设计优化，假设平均需要 50 次迭代寻优，而每次迭代需要进行一次仿真计算，则获得该优化问题的解需要 75 天至 11 个月。同样，要实现 FEA 模型或 CFD 模型的设计优化可能需要更长的时间。这在实践中几乎是不可接受的。因此，在过去的 20 年中，响应面方法应运而生，而且得到了快速发展。该方法能够减少优化迭代过程中原模型的仿真次数，而且响应面都是基于采样点数据构造的，而采样点估值计算都是彼此独立的（传统的优化迭代过程是序列估值的），可以方便地通过并行计算来获得，因此，该方法可以大大提高复杂分析模型的设计优化效率。

根据文献[67, 68]，RSM 的作用包括以下 4 个方面：

（1）模型近似：这是 RSM 的基本功能。建立一个复杂原模型在其全局定义域内的响应面近似模型，可以利用该近似模型实现新未知设计点的快速估值。

（2）设计空间探索：基于建立的响应面模型可以帮助工程师或设计人员进行参数试验、灵敏度分析，以及响应变量与输入参数之间的函数关系可视化，从而帮助工程师更好地理解原模型的特性。

（3）优化问题的准确表达：基于对响应面模型的设计空间探索，特别是灵敏度分析，可以帮助设计人员构造更加准确的设计优化问题。例如，可以从设计变量集合中剔除那些非敏感的参数，从而减少设计变量的维数。根据参数试验也可以缩减搜索区间，从而减少采样区间，进而减少优化迭代次数。同样地，通过分析，一个多目标设计优化的问题可能简化成单目标优化问题；而是一个简单的单目标设计优化问题，通过设计空间探索，可能需要建立多目标设计优化问题才能解决。

（4）优化方法的支持：这是目前 RSM 的主要应用领域。利用建立的响应面模型可以辅助完成各种涉及原模型仿真的设计优化问题，如全局优化、多领域仿真优化、多目标优化、多学科设计优化及概率设计优化，包括可靠性优化、稳健优化等。

响应面方法中的一个重要环节是构造响应面模型。响应面模型种类较多，分别适合不同的需求，常用的有多项式回归（Polynomial Regression Surrogate，PRS，通常称为 RSM 模型）、Kriging 插值模型、径向基函数（Radial Basis Functions，RBF）模型、支持向量回归（Support Vector Regression，SVR）模型、神经网络（Neural Network，NN）模型，以及基于 RBF 和 NN 混合的 RBNN 模型；还有基于样条的多元自适应回归样条（Multivariate Adaptive Regression Spline，MARS）模型、BMARS（B 样条 MARS）模型和 NURBs 模型，还有归纳学习（Inductive Learning）模型、最小插值多项式（Least Interpolating Polynomial，LIP）模型等。

要构造一个响应面模型，第一步是在设计空间内采样，形成设计点集 S；再进行仿真计算（也称"昂贵"计算，Expensive Calculation）获得响应数据集 Y；最后根据不同的算法由 S 和 Y 构造不同的响应面模型。试验设计方法提供了各种采样策略，主要包括两大类：边缘分布型和全空间分布型（Space Filling）。边缘分布型也称经典采样方法，利用该方法采样，其采样点主要分布在设计域的边界附近，典型的边缘分布型采样方法有：全因子/部分因子试验（Full/Fractional Factorial Design）、中心复合试验（Center Composite Design，CCD）、Box-Behnken 等，还有 Taguchi、D-Optimal、Plackett-Burman 等方法。全空间分布型是指采样点布满整个设计域，该类型的采样方法有：简单网格、拉丁超立方设计（Latin Hypercube Design）、正交表（Orthogonal Array），还有随机采样、一致设计（Uniform Design）、混杂网络（Scrambled Nets）、蒙特卡罗仿真和 Hammersley 序列设计等。

一般地,通过一次采样构造一个响应面模型是不合适的,原因在于:如果采样点过多,则构造过程费时且可能影响使用;如果采样点过少,则构造的响应面模型不够准确,难以满足应用需求。另外,由于原模型的性态未知,难以确定合适的采样方法。解决此问题的方法是基于序列自适应采样来构造序列响应面模型。序列自适应采样的主要思想是根据近似值与真实值之间的误差来确定采样点的疏密。序列探索试验设计(Sequential Exploratory Experiment Design,SEED)[69]方法是此类试验设计方法的代表,i-Sight 软件中使用模拟退火算法来进行自适应采样。

在使用响应面方法解决实际工程问题时,须综合考虑如下 5 个方面的因素:

(1)响应面的精确度。毫无疑问,响应面模型的精确度是近似的基本要求。

(2)原模型的仿真估值次数,即构造响应面模型所需的总采样点数目。由于每次估算的计算费用较高,需要限制原模型的仿真次数。在相同精度下,原模型仿真估值次数越少,则该响应面模型构造效率越高。

(3)构建和优化响应面的时间。如前所述,响应面模型的构造往往是一个逐步精细的过程,序列自适应采样构造逐步精细的响应面模型是目前响应面方法的一个研究热点,特别是在采样点逐步增多的情况下,如何快速更新响应面模型以实现其增量构造算法是各种响应面方法值得探索的课题。

(4)响应面模型占用的存储空间。显然,响应面模型本身所占的内存空间越大,则构造过程越慢,利用其进行估值也越慢。因此,在同等情况下,响应面模型本身所含的信息越少,也即所占的内存空间越小越好。

(5)利用响应面模型对给定点估值的速度。建立响应面模型的最终目的是使用其进行估值,而且通常这个估值过程被称为"便宜计算"(Cheap Calculation),因此,在应用如优化迭代过程中被大量执行。可见,如果对给定点的估值速度太慢,就会使理想的"便宜计算"变得不"便宜"。

1.3 本书主要研究内容、主要创新点与组织结构

1.3.1 主要研究内容

本书针对基于仿真黑箱函数模型结构优化的工程实际问题，研究有效且高效的优化技术，主要研究内容如下：

（1）本书研究用 Chebyshev 时间谱元法求解任意载荷作用下的振动问题，从 Bubnov-Galerkin 法出发，深入分析在第二类 Chebyshev 正交多项式极点处重心 Lagrange 插值构造的节点基函数及其特性，推导了任意载荷作用下振动问题的 Galerkin 谱元离散方案，利用最小二乘法求解线性方程组。为了扩展谱元法的适应性，针对承受冲击载荷的结构动态问题，从谱单元离散方案出发并根据冲击载荷的特点，以冲击载荷最大值点为中心将谱单元尺寸按一定比例等比向两侧扩大，实现单元尺寸与载荷特征相适应。在此基础上，将动力学方程转化为一阶线性微分方程组，通过 Bubnov-Galerkin 法获得离散线性方程组，应用高斯消元法求解。研究用 Chebyshev 时间谱元法求解非线性振动问题，从 Bubnov-Galerkin 法出发，深入分析在第二类 Chebyshev 正交多项式极点处重心 Lagrange 插值构造的节点基函数及其特性，推导了非线性振动问题的 Galerkin 谱元离散方案，利用 Newton-Raphson 法求解非线性方程组。

（2）本书研究基于时间谱元法的系统动态响应设计。深入探讨时间域内的离散动态响应，将运动微分方程组转化成代数方程组，精确求解瞬态响应，用 GLL 点法和关键点法处理时间约束。以弹簧减振器设计为例，引入人工设计变量，详细分析两种处理约束方法的优缺点，也说明了此方法

的正确性。这些内容可为进一步研究动态响应优化提供参考，如在此基础上研究复杂系统的灵敏度分析，以提高此方法的实用性等。

（3）本书针对瞬态动力学分析复杂性和等效静态载荷转化的不确定性，提出基于模态叠加的所有节点等效静态载荷法，并将其应用于动态响应优化。首先从模态叠加的原理出发，分析了动态响应与各模态的关系；然后通过详细分析等效静态载荷法的原理，给出利用模态响应的所有节点等效静态载荷的计算表达式；最后提出关键时间点集的所有节点等效静态载荷法，采用谱元离散插值且微分获得了时间关键点，并与邻近的 GLL 点组成关键时间点集。

（4）本书为了实现连续结构优化的可行性和高效性，本书提出一种基于局部特征子结构的优化方法。从优化过程的各个子功能和连续结构的几何特征分析出发，将连续结构划分为参数化子结构、超单元和状态变量子结构，以参数化子结构的几何特征为设计变量，建立连续结构评价的目标函数；以最小的连续结构质量为优化目标，将参数化子结构和状态变量子结构所承载的连续结构应力应变作为约束条件，建立连续结构评价的最优化数学模型，其中隐含着整体结构局部几何不变且不包含所需状态变量的局部构造。对于模型求解，采用基于梯度的序列二次规划法进行求解。以某柴油机活塞连续结构优化为例进行分析优化，并与传统优化方法从收敛性和高效性方面进行比较，说明了本书方法的合理性和优越性。

（5）为了提高结构优化的可行性和高效性，本书提出了一种基于子结构平均单元能量的结构动态特性优化方法。从建立优化模型出发，结合结构几何特性将整体结构划分为多个准设计变量子结构。对于桁架结构来说，将每根杆作为一个子结构；对于连续结构而言，多个单元作为一个子结构，再结合结构平均单元体积应变能及平均单元动能与结构动态响应贡献的关系，将平均单元体积应变能较大的结构单元作为尺寸应该变大的子结构，平均单元动能较大的结构单元作为单元尺寸应该变小的子结构，从而确定设计变量的合理范围。本书推导了平均单元能量与结构动态响应的关系，构造了结构动态特性优化模型，调用基于梯度的优化器进行迭代寻优。

（6）为了提高结构动态分析的效率，本书提出了一种基于节点里兹势能主自由度的结构动态缩减方法。阐述了改进缩减系法的原理，分析了里兹向量提取过程，定义了节点里兹势能，并利用其作为捕捉能精确反映结构动态特性的主自由度的依据，给出了节点里兹势能的计算公式。通过计算分析圆柱曲板和曲轴两个实例，验证了本书方法的可行性和优越性。研究结果表明，在里兹向量空间定义节点里兹势能更容易捕捉高精度的动态特性，加权系数可提高高阶频率的精度，在结构缩减中，主自由度约取总自由度的 1/3 比较合适。

1.3.2　主要创新点

本书研究的主要创新点如下：

（1）将时间谱元法应用于机械动态问题仿真中，提出了任意载荷振动问题分析的 Chebyshev 谱元法、承受冲击载荷结构动态分析的聚集单元谱元法和非线性振动分析的 Chebyshev 谱元法；将时间谱元法应用于机械系统动态响应优化中。应用谱元法求解机械系统动态响应，改善了传统求解动态响应时误差大的缺点，达到谱收敛精度。这样，动态响应优化就可以在超曲线或超曲面上找到满足所有时间约束变化的目标函数。在处理约束上，采用了 GLL 点法和关键点法两种方法，并比较了这两种方法的优缺点。

（2）将子结构法应用于连续结构优化。将优化三要素分别与连续结构的几何特征结合起来，分别定义了参数化子结构、超单元和状态变量子结构。设计变量对应参数化子结构的几何参数，目标函数和约束函数对应状态变量子结构的响应值，超单元是连续结构中既不包含设计变量也不包含状态变量的部分。这样定义不仅可以提高优化效率，而且能够减小有限元参数化的难度。

（3）提出一种基于子结构平均单元能量的结构动态特性优化方法。对于一些特殊结构，如桁架结构，将结构划分为多个准设计变量子结构，分别以平均单元体积应变能和动能确定变大子结构和变小子结构，进而确定设计变量范围，为建立精确的优化模型奠定了基础。

1.3.3　组织结构

各章组织结构如图 1.2 所示。

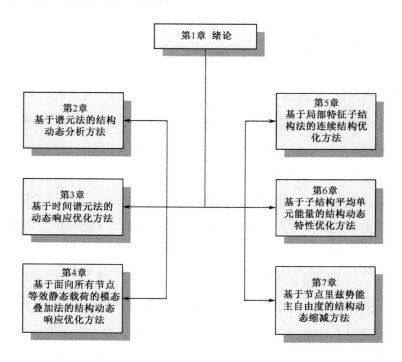

图 1.2　各章组织结构

第 2 章
基于谱元法的结构动态分析方法

振动问题的分析在瞬态分析、机械工程、故障诊断[70]等领域具有不可替代的地位，是机械设计中一种重要的分析[71]。如何获得精确的振动响应一直是研究者的工作重点[72]。

振动问题分析的数值方法不断发展，不管何种方法都各有利弊。其中，具有代表性的是摄动传递矩阵法[73]和有限差分法（FDM）。前者是考虑系统的随机性，后者是直接将微分方程（组）转化为代数方程组，其数学概念简单直观，表达式简单，容易编程，时间步长直接决定计算的收敛性和精确性[45]。对 Chebyshev 拟谱方法[74-77]的研究表明，仿真时间范围较小，可以获得很高的精度，否则，获得的解没有意义。利用有限元法变分原理和差分方法的优点，可以进一步获得一定精度的近似解，并且当形函数为正交多项式零点或极点的插值基函数时，将其称为谱元法，正交多项式为 Chebyshev 正交多项式时，称其为 Chebyshev 谱元法。

Steven Orszag 于 1969 年提出谱方法[42,78,79]，通过大量研究表明其具有高阶数值分析快速收敛的优点，然而不能处理复杂空间域等缺点限制了其发展。考虑低阶有限元方法在非结构化域的灵活性和谱方法的高精度及谱收敛的特点，Patera[42]于 1984 年提出谱元法，采用在 GLL 的零点 Lagrange 插值和 p 型节点基函数，并应用到流体动力学中。Dimitri Komatitsch[80]将有限元方法的灵活性和谱方法的准确性结合，并将其引入三维地震波计算，利用高阶 Lagrange 插值对单元上的波场进行离散，然后根据高斯-洛巴-勒让德积分规则对单元进行积分。近年来，谱元法已经被应用于科学和工程的很多领域[44,81]。文献[82]采用勒让德四边形谱元近似 Black-Scholes 方程，并将其应用于欧洲彩虹和篮子期权的定价。文献[83]采用谱元法对球面几何中的浅水方程进行分析，并将其与其他模型进行了比较。笔者[64]应用 Lobatto-Legendre 正交多项式的零点将振动微分方程的时间域谱展开，通过 Galerkin 谱元离散方案获得精确解，并提出 GLL 点集法处理与时间相关的约束，进一步提出逐步时间谱元法，缩短了 CPU 时间。P. Z. Bar-Yoseph 等人[84]采用时间谱元法求解非线性混沌动态系统。U. Zrahia 和 P. Z. Bar-Yoseph[85]采用空间-时间耦合谱元法求解二阶双曲方程。然而很少有文献使用 Chebyshev 谱元法分析振动问题。

本章提出采用 Chebyshev 谱元法进行任意载荷作用下的振动问题分析，通过稳定性很好的重心 Lagrange 插值近似振动解函数，结合有限元方法的灵活性，得出振动问题的 h 收敛和 p 收敛两种收敛方式，并与配点方法进行比较。

2.1 谱元法

谱元法[42]是 Patera 在 1984 年提出来的，应用于流体动力学，其将有限元法处理边界和结构的灵活性与谱方法的快算收敛性结合起来。在要求相同精度的情况下，谱元法能够采用较少的单元减小计算开销。在一个单元内，谱元法将时间离散为与 GLL 多项式零点相对应的网格点，在这些点上进行 Lagrange 插值。

在一定点数上插值，从理论上讲，当这些点是对应正交多项式的零点时,获得的插值精度最高[86]。如图 2.1 所示,均匀点分布和 GLL 点分布近似 Runge 函数[见式(2.1)]。在均匀分布的有限元法中,随着插值次数的增加,近似的数值误差极大或近似失败,此时 GLL 插值有明显的优势。GLL 点在标准区间的分布如图 2.2 所示。

$$f(x) = \frac{1}{1+25x^2} \qquad (2.1)$$

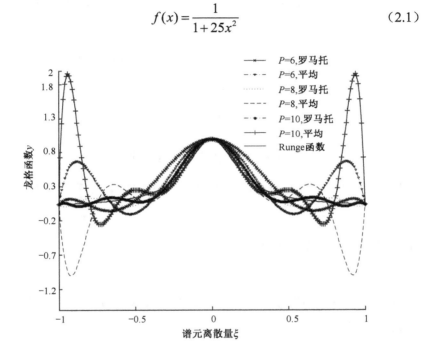

图 2.1 均匀点和 GLL 点插值近似 Runge 函数

微分方程包括动力学方程或方程组,常用来描述自然界的一些物理现象。差分法是直接基于这些微分方程或方程组进行离散化的。但在多数情况下,描述同一物理过程或现象,可用不同的形式。从物理意义上的守恒定律出发,可以推导出变分原理。而变分问题与微分方程定解问题在某种意义下等价。谱元法是基于变分原理的一种离散计算方法。下面讨论一阶线性微分方程的初值问题[见式(2.2)]。高阶线性微分方程可以化成一阶线性微分方程组。

$$\begin{cases} \dfrac{\mathrm{d}t}{\mathrm{d}x} + A_s x = f(x,t) \\ x(0) = x_0 \end{cases} \quad (2.2)$$

式中，x 是依赖于时间的状态变量，且 $x \in \mathbf{R}^{N_v}$，N_v 是状态变量的个数；t 是时间；$f(x,t)$ 是状态变量 x 和时间 t 的函数；A_s 是状态变量的耦合矩阵，与时间无关。

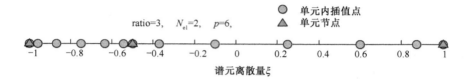

图 2.2 GLL 点在标准区间的分布

注：ratio 表示最后一个单元与第一个单元的比值；N_{el} 表示单元数；p 表示单元内插值节点数。

2.1.1 瞬态和稳态响应分析

应用谱元法将每个状态变量在给定时间段内离散化，并近似为 m 次 Lagrange 多项式：

$$\tilde{x}^{(j)}(\xi) = \sum_{k=0}^{m} x^{(j)}(\xi_k) P_k^{(j)}(\xi) \quad (2.3)$$

式中，$P_k^{(j)}(\xi)$ 为第 j 个单元的第 k 个 m 次 Lagrange 多项式；ξ_k 为定义在 $[-1,1]$ 上的 GLL 点；$x^{(j)}(\xi_k)$ 为第 j 个单元上未知节点在 GLL 点的值。Lobatto 多项式是 Legendre 多项式微分定义的正交多项式，见文献[86]第 146~151 页。其中，$\xi \in [-1,1]$ 是经过式（2.4）映射获得的。

$$x(\xi) = \dfrac{1}{2}\left[(x_2^{(j)} + x_1^{(j)}) + \dfrac{1}{2}(x_2^{(j)} - x_1^{(j)})\right]\xi \quad (2.4)$$

式中，$x_1^{(j)}$、$x_2^{(j)}$ 分别为第 j 个单元的第一个节点和第二个节点；ξ 为经过域变换后的变量，且 $\xi \in [-1,1]$。这个域如图 2.3 所示。

图 2.3 时间域可离散为谱单元，每个单元近似为基于 GLL 点的 m 次 Lagrange 多项式

将式（2.3）代入式（2.2），在每个单元上应用 Bubnov-Galerkin 法[87]使得插值误差最小，得到

$$\sum_{j=1}^{N_{el}} \int_{-1}^{1} P_n^{(j)} \left\{ \frac{d\tilde{x}^j}{d\xi} + \frac{h^{(j)}}{2} \left[A_s \tilde{x}^{(j)} - f^{(j)} \left(\tilde{x}^{(j)}, \xi \right) \right] \right\} d\xi = 0 \quad (2.5)$$

式中，$n = 0, 1, \cdots, m$；$h^{(j)}$ 是第 j 个单元的长度；$P_n^{(j)}$ 是 m 次 Lagrange 多项式的第 n 个插值的基函数。对式（2.5）每一部分得到

$$\sum_{j=1}^{N_{el}} \left\{ \tilde{x}^{(j)} P_n^{(j)} \Big|_{-1}^{1} - \int_{-1}^{1} \left[d\tilde{x}^{(j)} \frac{dP_n^{(j)}}{d\xi} + \frac{h^{(j)}}{2} \left(A_s \tilde{x}^{(j)} P_n^{(j)} - f^{(j)} \left(\tilde{x}^{(j)}, \xi \right) P_n^{(j)} \right) \right] d\xi \right\} = 0$$

$$(2.6)$$

式（2.6）中的积分是用 Gauss-Lobatto 求积公式［见式（2.7）］求的。

$$\int_{-1}^{1} I d\xi = \sum_{q=0}^{m} I(\xi_q) \omega_q \quad (2.7)$$

式中，I 是 ξ 的一般函数；ω_q 是 Gauss-Lobatto 积分在 q 点的权值[87]。每个单元可用矩阵形式表示为

$$\boldsymbol{\Phi} \begin{bmatrix} x(\xi_0) \\ x(\xi_1) \\ \vdots \\ x(\xi_m) \end{bmatrix}^{(j)} = A_s \boldsymbol{I}_\omega^{(j)} \begin{bmatrix} x(\xi_0) \\ x(\xi_1) \\ \vdots \\ x(\xi_m) \end{bmatrix}^{(j)} - \boldsymbol{I}_\omega^{(j)} f^{(j)} \quad (2.8)$$

其中，

$$\boldsymbol{\Phi} = \begin{bmatrix} \left.\dfrac{\mathrm{d}P_0}{\mathrm{d}\xi}\right|_{\xi_0}\omega_0 + 1 & \left.\dfrac{\mathrm{d}P_0}{\mathrm{d}\xi}\right|_{\xi_1}\omega_1 & \cdots & \left.\dfrac{\mathrm{d}P_0}{\mathrm{d}\xi}\right|_{\xi_m}\omega_m \\ \left.\dfrac{\mathrm{d}P_1}{\mathrm{d}\xi}\right|_{\xi_0}\omega_0 & \left.\dfrac{\mathrm{d}P_1}{\mathrm{d}\xi}\right|_{\xi_1}\omega_1 & \cdots & \left.\dfrac{\mathrm{d}P_1}{\mathrm{d}\xi}\right|_{\xi_m}\omega_m \\ \vdots & \vdots & \ddots & \vdots \\ \left.\dfrac{\mathrm{d}P_m}{\mathrm{d}\xi}\right|_{\xi_0}\omega_0 & \left.\dfrac{\mathrm{d}P_m}{\mathrm{d}\xi}\right|_{\xi_1}\omega_1 & \cdots & \left.\dfrac{\mathrm{d}P_m}{\mathrm{d}\xi}\right|_{\xi_m}\omega_m - 1 \end{bmatrix} \quad (2.9)$$

$$\boldsymbol{I}_\omega = \dfrac{h^{(j)}}{2}\begin{bmatrix} \omega_0 & 0 & \cdots & 0 \\ 0 & \omega_1 & \cdots & 0 \\ \vdots & \vdots & \ddots & \vdots \\ 0 & 0 & \cdots & \omega_m \end{bmatrix} \quad (2.10)$$

由于相邻两个单元共享其中一个元素，所以应满足：

$$x^{(j)}(\xi_m) = x^{(j+1)}(\xi_0) \quad (2.11)$$

通过式（2.8），利用连接矩阵[86]$\boldsymbol{C}$，将一个状态变量的所有谱单元组装起来，就得到了一个状态变量的 Galerkin 近似方程：

$$\boldsymbol{B}_u \boldsymbol{X}_u = \boldsymbol{A}_s \boldsymbol{B}_\omega \boldsymbol{X}_u - \boldsymbol{B}_\omega \boldsymbol{F}(\boldsymbol{X}_u) \quad (2.12)$$

式中，$\boldsymbol{B}_u$、$\boldsymbol{B}_\omega$ 是全局微分矩阵与全局权矩阵；$\boldsymbol{F}(\boldsymbol{X}_u)$ 是激励力的全局形式，其中，

$$\boldsymbol{X}_u = \begin{bmatrix} x|_{t_0} & x|_{t_1} & \cdots & x|_{t_{m\times N_{\mathrm{el}}+1}} \end{bmatrix}^{\mathrm{T}} \quad (2.13)$$

是用谱元法表示的状态变量 x 的所有时间节点变量。对式（2.12）进行初始条件处理，将 $\boldsymbol{B}_u$ 第一行和第一列的第一个元素设为 1，$\boldsymbol{B}_u$ 的第一行和第一列的其余元素设为 0；再将 $\boldsymbol{B}_\omega$ 的第一个元素设为 0，同时将 $-\boldsymbol{B}_\omega \boldsymbol{F}(\boldsymbol{X}_u)$ 的第一个元素设为式（2.2）中的初始值，即 $x|_{t=0} = x_0$。

稳态响应分析时的谱离散和瞬态响应分析时的相同，但组装全局微分矩阵和全局权矩阵时有所区别。由于初始条件不影响稳态响应，因此不需

要进行初始条件处理。由于周期的特殊性，要求第一个单元的第一个节点和最后一个单元的最后一个节点相等，即

$$x^{(1)}(\xi_0) = x^{(N_{el})}(\xi_m) \tag{2.14}$$

对第一行、第一列和最后一行、最后一列进行处理：将全局微分矩阵 $\boldsymbol{B}_u$ 的最后一行加到第一行上，将最后一列加到第一列上，然后去掉最后一行和最后一列；全局权矩阵 $\boldsymbol{B}_\omega$ 也做同样的处理；对 $\boldsymbol{F}(\boldsymbol{X}_u)$，将最后一个元素加到第一个元素上，去掉最后一个元素，则 $\boldsymbol{X}_u$ 变成

$$\boldsymbol{X}_u = \begin{bmatrix} x\big|_{t_0} & x\big|_{t_1} & \cdots & x\big|_{t_m \times N_{el}} \end{bmatrix}^T \tag{2.15}$$

2.1.2 全部状态变量的全局组装和求解

对 N_v 个状态变量，通过耦合矩阵 $\boldsymbol{A}_s$（$N_v \times N_v$ 的方阵）的张量叉乘得到全部状态变量的全局组装式：

$$(\boldsymbol{I} \otimes \boldsymbol{B}_u)\boldsymbol{X}_{ug} = (\boldsymbol{A}_s \otimes \boldsymbol{B}_\omega)\boldsymbol{X}_{ug} - (\boldsymbol{I} \otimes \boldsymbol{B}_\omega)\boldsymbol{F}_{ug}(\boldsymbol{X}_{ug}) \tag{2.16}$$

式中，$\boldsymbol{I}$ 是 $N_v \times N_v$ 单位矩阵；$\boldsymbol{X}_{ug}$ 是所有状态变量在时间节点的集合。对瞬态响应 $\boldsymbol{X}_{ug}$ 而言，有

$$\boldsymbol{T} = \begin{bmatrix} \begin{pmatrix} x_1\big|_{t_0} \\ x_1\big|_{t_1} \\ \vdots \\ x_1\big|_{t_m \times N_{el}+1} \end{pmatrix} \cdots \begin{pmatrix} x_{N_{el}}\big|_{t_0} \\ x_{N_{el}}\big|_{t_1} \\ \vdots \\ x_{N_{el}}\big|_{t_m \times N_{el}+1} \end{pmatrix} \end{bmatrix} \tag{2.17}$$

化简式（2.16）得

$$\boldsymbol{G}\boldsymbol{X}_{ug} = -\boldsymbol{B}_{\omega g}\boldsymbol{F}_{ug}(\boldsymbol{X}_{ug}) \tag{2.18}$$

$$G = B_{ug} - A_{ug} \qquad (2.19)$$

2.2 任意载荷振动问题分析的 Chebyshev 谱元法

谱近似可以自由选择插值次数，获得 p 收敛，而有限元近似可以柔性地处理复杂设计域并自由地选择单元尺寸，获得 h 收敛，谱元近似融合了谱近似和有限元近似的优点。

2.2.1 振动问题及其积分形式

考虑振动问题的一般形式为

$$\dot{x} + A_r x = f \qquad (2.20)$$

式中，A_r 是关联矩阵，关联着质量、阻尼和刚度，并假设与时间 t 无关；x 和 f 是时间 t 的函数。

在 Chebyshev 谱元法中，为了得到振动问题的数值解，运用 Bubnov-Galerkin 法，引入一个权函数 W，将其与式（2.20）两边同时相乘，并在时间域上积分，得到了振动问题的积分形式：

$$\int_T W \dot{x} \mathrm{d}t + \int_T A_r W x \mathrm{d}t = \int_T W f \mathrm{d}t \qquad (2.21)$$

式中，T 表示时间域。

2.2.2 时间单元划分

作为一种有限元方法,解空间 Ω 可划分为 N_e 个互不重叠的单元空间,即

$$\Omega = \bigcup_{e=1}^{N_e} \Omega_e, \quad \bigcap_{e=1}^{N_e} \Omega_e = \varnothing \tag{2.22}$$

谱元法通过在每个单元 Ω_e 中进行谱扩展来近似一个函数。将单元节点基函数作为形函数,在单元 Ω_e 上,振动位移可以近似为

$$\tilde{x}^{(e)}(\xi) = \sum_{i=1}^{N_{\text{esol}}} x_i^{(e)}(\xi_i) \varphi_i^e(\xi) \tag{2.23}$$

式中,$\tilde{x}^{(e)}$ 表示单元 Ω_e 上的振动位移近似函数;$x_i^{(e)}$ 表示单元 Ω_e 上第 i 个节点的位移值;$\varphi_i^e(\xi)$ 表示定义在单元 Ω_e 上的重心 Lagrange 节点基函数;N_{esol} 表示每个单元解节点的个数。

2.2.3 振动微分方程离散

下面我们采用 Chebyshev 第二类多项式来构造节点基函数。在标准区间 $[-1,1]$ 上,N 阶节点基函数可以表示为 Lagrange 插值多项式,它会通过 $N+1$ 个 Chebyshev-Gauss-Lobatto 点,即

$$\xi_j = -\cos\frac{j\pi}{N}, \quad j=1,2,\cdots,N+1 \tag{2.24}$$

应用中心插值公式,Lagrange 插值多项式可以表示为

$$b_i(\xi) = \frac{\dfrac{w_i}{\xi - \xi_i}}{\sum\limits_{j=1}^{N+1} \dfrac{w_j}{\xi - \xi_j}} \tag{2.25}$$

$$w_j = (-1)^{j-1} \delta_j, \quad \delta_j = \begin{cases} \dfrac{1}{2}, & j=1 \text{ 或 } j=N \\ 1, & \text{其他} \end{cases} \tag{2.26}$$

从图 2.4 中可看出，节点基函数的 Kronecker δ 的特性（如果两者相等，则其输出值为 1，否则为 0），这就保证了式（2.23）中扩展系数 $\boldsymbol{x}_i^{(e)}$ 与节点值一致，并且保证施加了边界条件。

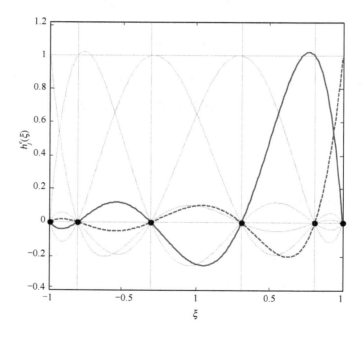

图 2.4　五阶 Chebyshev Lagrange 插值基函数

为了获得一般单元 $\boldsymbol{\Omega}_e$ 的节点基函数，需要进行节点坐标转化。节点基函数在标准单元 $\boldsymbol{\Omega}_{st}$ 和一般单元 $\boldsymbol{\Omega}_e$ 中的关系可以表示为

$$\nabla_x \boldsymbol{\varphi}_i^e \left[x(\xi) \right] = \boldsymbol{J}^{-1} \nabla_\xi \boldsymbol{h}_i^e (\xi) \tag{2.27}$$

式中，$x = x(\xi)$ 定义坐标从一般单元 $\boldsymbol{\Omega}_e$ 到标准单元 $\boldsymbol{\Omega}_{st}$ 的转化；∇_x 是关于 x 的梯度操作算子；∇_ξ 是关于 ξ 的梯度操作算子；$\boldsymbol{J}$ 是 Jacobian 矩阵。

在本研究中，一维坐标转化可以表示为

$$x(\xi) = \frac{1}{2} \left[(b-a)\xi + (b+a) \right] \tag{2.28}$$

式中，$\xi \in [-1,1]$，$x \in [a,b]$。Jacobian 矩阵为常数 $(b-a)/2$。

将式（2.23）代入式（2.21），权函数为 $W_j(\xi)$，然后在整个时间域上积分，可以得到

$$\begin{aligned}
&\sum_{j=1}^{N_{\text{sol}}} \boldsymbol{x}_j^{(e)}(\xi_i) \int_{-1}^{1} \left[\frac{\boldsymbol{\varphi}_j(\xi)}{\mathrm{d}\xi} W_j(\xi) + A_r \boldsymbol{J}_j \boldsymbol{\varphi}_j(\xi) W_j(\xi) \right] \mathrm{d}\xi \\
&= \sum_{j=1}^{N_{\text{sol}}} \boldsymbol{f}_j^{(e)}(\xi_i) \int_{-1}^{1} \left[\boldsymbol{J}_j W_j(\xi) \right] \mathrm{d}\xi; \quad j=1,2,\cdots,N_{\text{sol}}
\end{aligned} \tag{2.29}$$

当权函数为谱元近似节点基函数时，即 $W_i(\xi) = \boldsymbol{\varphi}_i(\xi)$，这种谱元法称为 Galerkin 谱元法；当权函数为振动微分方程左面的表达式时，这种谱元法称为最小二乘谱元法。本研究采用 Galerkin 谱元法。将 $\boldsymbol{\varphi}_j$ 作为权函数代入式（2.29），转化为线性方程组得

$$\boldsymbol{KX} = \boldsymbol{F} \tag{2.30}$$

其中，

$$\boldsymbol{K}_{ij} = \int_{-1}^{1} \left[\frac{\boldsymbol{\varphi}_j(\xi)}{\mathrm{d}\xi} + A_s \boldsymbol{J}_j \boldsymbol{\varphi}_j(\xi) \right] \boldsymbol{\varphi}_i(\xi) \mathrm{d}\xi \tag{2.31}$$

$$\boldsymbol{F} = \sum_{j=1}^{N_{\text{sol}}} \boldsymbol{f}_j^{(e)}(\xi_i) \int_{-1}^{1} \boldsymbol{J}_j \boldsymbol{\varphi}_j(\xi) \mathrm{d}\xi \tag{2.32}$$

$\boldsymbol{K}$ 和 $\boldsymbol{F}$ 可以写为

$$K = A + A_s JB \quad (2.33)$$

$$F = JDS \quad (2.34)$$

其中，

$$A = \int_{-1}^{1} \frac{\varphi_j(\xi)}{\mathrm{d}\xi} \varphi_i(\xi) \mathrm{d}\xi \quad (2.35)$$

$$B = \int_{-1}^{1} \varphi_j(\xi) \varphi_i(\xi) \mathrm{d}\xi \quad (2.36)$$

$$D = \int_{-1}^{1} \varPhi_i(\xi) \mathrm{d}\xi \quad (2.37)$$

矩阵 A、B、D 可通过 Gauss-Chebyshev-Lobatto 求积公式[88]获得。

2.2.4 边界条件施加

速度初始条件：将 K 的第一行和第一列中除第一个元素外的其他元素都强制等于零，对应 F 中的第一个元素强制等于速度初值。

位移初始条件：将 K 的第（N+1）行和第（N+1）列中除第（N+1, N+1）个元素外的其他元素都强制等于零，对应 F 中第（N+1）个元素强制等于位移初值。

2.3 聚集单元谱元法在承受冲击载荷结构动态分析中的应用

在工程中，机械结构几乎都要承受动态载荷，并且在多数情况下会承受冲击载荷，如用榔头敲击螺钉，声共振无损检测中敲击锤敲击被检测构件，汽车的碰撞，船舶与桥梁、海洋平台的碰撞，飞机的坠落，水面舰艇

第 2 章　基于谱元法的结构动态分析方法

遭受水下非接触性爆炸的冲击[89]等,为了评价其动态特性及动态行为,有必要对其进行仿真分析。目前,国内外对冲击载荷作用下的结构动态行为研究较多,如起重机机架在起升冲击载荷作用下的动态特性分析[90]、冲击载荷作用下齿轮动态应力变化研究[91]、冲击载荷作用下蜂窝夹芯板的动力响应分析[92]等。很多文章对各种结构在冲击载荷作用下的动态特性及其动态行为进行了分析研究,然而还未见运用谱元法对结构在冲击载荷作用下的动态分析的相关报道。

谱元法是 Patera 于 1984 年提出的应用于 CFD 的一种数值方法,其具有有限元方法处理任意结构及其边界的灵活性和谱方法快速收敛的优点[81]。谱元法能用较少的单元获得与其他方法相同的精度,其特点是将每个单元在 GLL 的零点处离散,然后进行 Lagrange 多项式插值。从理论上分析,在正交多项式零点处插值时可获得的插值精度最高[86]。笔者从减小计算规模的角度提出了基于逐步时间谱元法的结构动态响应仿真方法,将仿真时间划分为很小的时间段,在每个时间段内划分单元,将每个时间段看作独立计算部分,并将前一部分的计算结果作为后一部分计算的初始条件,该方法节省了计算时间[53];在第二类 Chebyshev 正交多项式零点处,从重心 Lagrange 插值角度构造了非线性振动问题的离散方案[54],利用谱单元离散插值精度高的特点,计算了动态响应优化中的关键时间点[38]。M. H. Kurdi[93] 利用时间谱元法求解了简单的质量弹簧阻尼系统,并在此基础上对单自由度吸振器和单自由度微型控制器进行了优化。

本章从结构动力学控制方程出发,利用有限元方法进行空间离散,用谱元法进行时间离散,其中针对冲击载荷时间短、变化大的特点,将谱单元的离散进行聚集处理,以弥补等距单元误差大的缺陷。

谱元法分为时间谱元法、空间谱元法和时间-空间耦合谱元法。对于动力学方程而言,可以采用其中任何一种方法。下面以时间谱元法为例进行介绍。

时间谱元法的主要步骤:①将动力学方程转化为一阶线性微分方程组,

然后通过 Bubnov-Galerkin 法等效为积分形式，代入单元积分表达式，获得时间单元谱元方程；②根据冲击载荷的特点，将仿真时间划分为聚集型单元，即在载荷突变的位置单元尺寸比较小，在载荷平坦的位置单元尺寸比较大，它可通过单元最大尺寸和最小尺寸的比值来控制；③将每个时间单元划分为若干个时间节点，即正交多项式的零点；④将每个单元的近似解表示为 Legendre 正交多项式的线性组合；⑤利用连接矩阵将所有单元的近似解集成总体谱元方程；⑥求解总体谱元方程，获得全局位移近似解和速度近似解，可以通过动力学微分方程得到加速度的解，对于结构来说，可以通过应力和位移的关系获得节点应力解。

2.3.1 线性结构动态响应方程及其转化形式

线性结构动态响应方程可表示为

$$M\ddot{x} + C\dot{x} + Kx = F \tag{2.38}$$

式中，M 为质量矩阵；C 为阻尼矩阵；K 为刚度矩阵；F 为动态载荷向量；x 为位移向量；$\ddot{x}$ 为加速度向量，$\dot{x}$ 为速度向量。初始条件为 $x(0) = b_0$，$\dot{x}(0) = v_0$。式（2.38）中，M、C、K 是不随时间变化的；x，$\ddot{x}$，$\dot{x}$ 是时间的函数；F 是任意时间函数，时间 $t \in [t_0, t_n]$。

为了采用时间谱元法，设 $x_1 = \dot{x}$，$x_2 = x$，式（2.38）可转化为一阶线性常微分方程组［见式（2.39）］，此方程组与式（2.38）同解。

$$\begin{cases} \begin{bmatrix} \dot{x}_1 \\ \dot{x}_2 \end{bmatrix} + \begin{bmatrix} M & 0 \\ 0 & I \end{bmatrix}^{-1} \begin{bmatrix} C & K \\ -I & 0 \end{bmatrix} \begin{bmatrix} x_1 \\ x_2 \end{bmatrix} = \begin{bmatrix} M & 0 \\ 0 & I \end{bmatrix}^{-1} \begin{bmatrix} F \\ 0 \end{bmatrix} \\ x_1(0) = x_1^0 \; x_2(0) = x_2^0 \end{cases} \tag{2.39}$$

2.3.2 聚集单元划分

如图 2.5 所示，将仿真时间 $t \in [t_0, t_n]$ 分割为 n 个互不相交的单元，即

第 2 章 基于谱元法的结构动态分析方法

$[t_0,t_1]$，$[t_1,t_2]$，$[t_2,t_3]$，…，$[t_{n-1},t_n]$，每个单元配置若干个点。在划分单元时，以冲击载荷最大值点为中心，中心处单元尺寸最小，越往两边单元尺寸越大。每个单元配置 Chebyshev 或 Legendre 正交多项式的零点，其点数可以相同，也可以不同，本章采用相同的零点配置。这样可以避免冲击载荷的局部突变带来的求解误差。在具体实施时，可以设 $\text{ratio} = \dfrac{l_{\frac{n}{2}+1}}{l_n} = \dfrac{l_{\frac{n}{2}-1}}{l_1}$

（图 2.5 中 ratio=0.1）。图 2.5（a）所示为聚集单元示意，图 2.5（b）所示为 30 个聚集单元对应的冲击载荷，其中，冲击载荷由 3 个参数控制，即冲击载荷最大值、宽度和载荷中心。

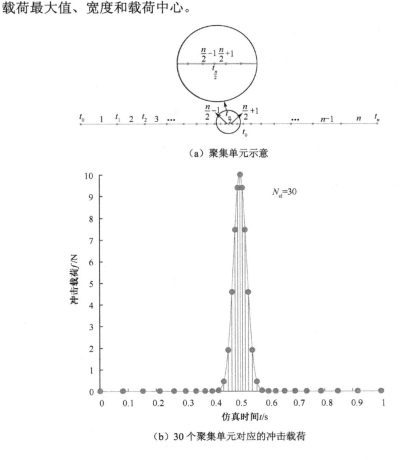

（a）聚集单元示意

（b）30 个聚集单元对应的冲击载荷

图 2.5 时间谱元法下的聚集单元及其对应的冲击载荷

2.3.3　单元分析

聚集单元划分后，在单元区间内增加正交多项式的零点，并且可以通过增加插值点来提高近似精度，这在有限元方法中称为 hp 法。

在时间谱元法中，通过在单元内的特殊位置配置插值 GLL 点，其基函数可表示为正交多项式的组合，从而构成单元内各点的形函数，这样可以在有限个点上插值，达到谱方法的收敛速度。

在时间谱元法中一般采用两种正交多项式，即 Chebyshev 和 Legendre 正交多项式，本章采用 Legendre 正交多项式[86]。

由于单元端点不是 Legendre 正交多项式的零点，因此加入 Lobbato 多项式来保证单元端点包含在零点中。Lobbato 多项式满足正交特性：

$$\int_{-1}^{1}(1-\xi^2)L_{oi}(\xi)L_{oj}(\xi)\mathrm{d}\xi = \frac{2(i+1)(i+2)}{2i+3}\delta_{ij} \quad (2.40)$$

式中，δ_{ij} 是 Kronecker δ 函数；

$$L_{oj}(\xi) = \sum_{k=0}^{m} x^{(j)}(\xi_k) P_k^{(j)}(\xi)$$

$$L_{oi}(\xi) = \sum_{k=0}^{m} x^{(i)}(\xi_k) P_k^{(i)}(\xi)$$

通过解式（2.40）可以获得 GLL 点及其权值。

$$(1-\xi^2)P_N^{'}(\xi) = 0 \quad (2.41)$$

式中，N 为插值次数，权值可以表示为

$$\omega_k = \frac{2}{N(N+1)} \frac{1}{L_N^2(\xi_k)} \quad (2.42)$$

式中，ξ_k 为 $L_{o_{N-1}}(\xi)$ 的零点，$k=1,2,\cdots,N-1$。

在仿真时间内按图 2.5 所示方案划分，并且结合冲击载荷离散，将状态变量表示为 m 次 Lagrange 多项式：

$$\tilde{x}^{(j)}(\xi) = \sum_{k=0}^{m} x^{(j)}(\xi_k) P_k^{(j)}(\xi) \tag{2.43}$$

式中，$P_k^{(j)}(\xi)$ 为 j 单元的 k 次 Lagrange 多项式；ξ_k 为定义在 $[-1,1]$ 上的 GLL 点；$x^{(j)}(\xi_k)$ 是单元 j 上未知节点在 GLL 点的值。然后通过 Bubnov-Galerkin 法可得

$$\sum_{j=1}^{N_{el}} \int_{-1}^{1} P_{-1}^{(j)} \left[\frac{\mathrm{d}\tilde{x}^{(j)}}{\mathrm{d}\xi} + \frac{h^{(j)}}{2} \left\{ A\tilde{x}^{(j)} - f^{(j)}(\tilde{x}^{(j)}, \xi) \right\} \right] \mathrm{d}\xi = 0 \tag{2.44}$$

用矩阵形式表示每个单元的离散：

$$\boldsymbol{L}^e \boldsymbol{X}^e(t) = \boldsymbol{F}^e(t) \tag{2.45}$$

式中，$\boldsymbol{L}^e = \boldsymbol{\Phi} - \boldsymbol{A}_s \boldsymbol{I}_\omega^{(e)}$；$\boldsymbol{x}^e = \left(\left[x(\xi_0), x(\xi_1), \cdots, x(\xi_m) \right]^{(e)} \right)^{\mathrm{T}}$；$\boldsymbol{F}^e(t) = -\boldsymbol{I}_\omega^{(e)} f^{(e)}$，$\boldsymbol{I}_\omega$ 为 ξ 的一般函数，

$$\boldsymbol{I}_\omega = \frac{h^{(j)}}{2} \begin{bmatrix} \omega_0 & 0 & \cdots & 0 \\ 0 & \omega_1 & \cdots & 0 \\ \vdots & \vdots & \ddots & \vdots \\ 0 & 0 & \cdots & \omega_m \end{bmatrix}$$

$$\boldsymbol{\Phi} = \begin{bmatrix} \frac{\mathrm{d}P_0}{\mathrm{d}\xi}\Big|_{\xi_0}\omega_0 + 1 & \frac{\mathrm{d}P_0}{\mathrm{d}\xi}\Big|_{\xi_1}\omega_1 & \cdots & \frac{\mathrm{d}P_0}{\mathrm{d}\xi}\Big|_{\xi_m}\omega_m \\ \frac{\mathrm{d}P_1}{\mathrm{d}\xi}\Big|_{\xi_0}\omega_0 & \frac{\mathrm{d}P_1}{\mathrm{d}\xi}\Big|_{\xi_0}\omega_0 & \cdots & \frac{\mathrm{d}P_1}{\mathrm{d}\xi}\Big|_{\xi_m}\omega_m \\ \vdots & \vdots & \ddots & \vdots \\ \frac{\mathrm{d}P_m}{\mathrm{d}\xi}\Big|_{\xi_0}\omega_0 & \frac{\mathrm{d}P_m}{\mathrm{d}\xi}\Big|_{\xi_1}\omega_1 & \cdots & \frac{\mathrm{d}P_m}{\mathrm{d}\xi}\Big|_{\xi_m}\omega_m - 1 \end{bmatrix}$$

2.3.4 集成总体谱元方程及求解

集成是把所有单元的谱元方程按照离散的顺序组合起来，获得总体谱元方程。对含 N_v 个状态方程的系统，通过耦合矩阵 A_s（$N_v \times N_v$ 的方阵）的张量叉乘可得到全部状态变量的全局组装：

$$(I \otimes B_u)X_{ug} = (A_s \otimes B_\omega)X_{ug} - (I \otimes B_\omega)F_{ug}(X_{ug}) \quad (2.46)$$

式中，B_u 为全局微分矩阵；B_ω 为全局权矩阵；$F_{ug}(X_{ug})$ 为激励力的全局形式；X_{ug} 为所有状态变量在时间节点的集合。化简式（2.46）得

$$GX_{ug} = -B_{\omega g}F_{ug}(X_{ug}) \quad (2.47)$$

式中，G 为时间段的全局线性矩阵；式（2.47）是线性方程组，可通过高斯消元法求解。

2.4 非线性振动分析的 Chebyshev 谱元法

尽管许多工程问题可以用线性振动近似，但还是有很多工程振动需要考虑非线性。例如，大角度单摆、振动输送机、高速列车行驶时气体的阻力及材料产生弹塑性变形构成的振动系统等[94]，均需要用非线性微分方程来进行分析。非线性振动不符合叠加原理，通常用数值方法进行分析。

Orszag S. A.[95]于 1969 年提出谱方法，给研究者所关注的高精度数值分析带来了希望，然而其不能处理复杂设计域、不能近似非光滑函数等缺点[98]限制了它的发展。考虑到谱方法的高精度及指数收敛和有限元方法处理边界灵活的特性，学者 Patera 于 1984 年提出谱元法，该方法通过在 GLL

点进行 Lagrange 插值来构造节点基函数，被应用于流体动力学分析[81]。30多年来，谱元法由于高精度和快速收敛的特点得到了极大关注，并被成功应用于科学和工程的很多领域[96-101]。在动态响应优化中，谱元法通过精确求解动力学控制方程并结合 GLL 点来满足动态约束条件，可获得更优的解。在机械故障诊断中，可用谱元法来模拟带裂纹的三维板结构的导波激励与接受，以及波的传播[102]。将仿真时间分为若干步，采用逐步时间谱元法[53]仿真三维悬臂梁，可获得与 ANSYS 仿真一致的结果，而效率高于 ANSYS 仿真。文献[38]将谱元离散方案应用于结构动态应力关键时间点的识别。Zhao 等人[103]采用 Chebyshev 最小二乘谱元法详细分析并求解了半透明介质的辐射传热。林伟军[104]应用 Modal basis 谱元法详细阐述了弹性波传播模拟的理论公式，并应用 Chebyshev 正交多项式展开。耿艳辉等人[105]提出了时间-空间耦合谱元法，并将其用于第一类边界条件的非齐次一维、二维、三维波动方程的求解。文献[106]应用时-空 Galerkin 谱元法求解具有小黏性的 Burgers 方程，研究了双曲线控制方程的显式方法和一个抛物线控制方程的隐式方法两种分裂方法的一种次循环技术。文献[107]提出了时间和空间两场混合的谱元公式，开发了显式和隐式算法，并将其用于求解二阶标量双曲方程。文献[108]采用空-时谱元法求解了简支修正欧拉-伯努利非线性梁在受迫横向振动作用下的振动问题。

本章通过在 Chebyshev 正交多项式的极点重心进行 Lagrange 插值来构造节点基函数，提出了求解非线性振动问题的 Chebyshev 谱元法。

对于非线性振动问题中的非线性项，先直接对它求微分，再加入线性振动问题的离散公式中，将其转化为 Newton-Raphson 迭代公式进行迭代求解。

非线性方程组可表示为

$$\frac{\mathrm{d}\boldsymbol{X}(t)}{\mathrm{d}t} = \boldsymbol{F}(\boldsymbol{X}(t)) \tag{2.48}$$

式中，$X(t)$ 为 n 维解向量，$F(X(t))$ 为 m 维函数向量。

考虑函数 $F: \mathbb{R}^n \to \mathbb{R}^m$，其中，

$$F(x_1, x_2, \cdots, x_n) = \begin{bmatrix} f_1(x_1, x_2, \cdots, x_n) \\ f_2(x_1, x_2, \cdots, x_n) \\ \vdots \\ f_m(x_1, x_2, \cdots, x_n) \end{bmatrix}$$

那么 $F(x_1, x_2, \cdots, x_n)$ 的 Jacobian 矩阵为

$$J_F(x_1, x_2, \cdots, x_n) = \begin{bmatrix} \frac{\partial f_1}{\partial x_1} & \cdots & \frac{\partial f_1}{\partial x_n} \\ \vdots & \ddots & \vdots \\ \frac{\partial f_m}{\partial x_1} & \cdots & \frac{\partial f_m}{\partial x_n} \end{bmatrix}$$

Newton-Raphson 迭代公式表示为

$$J_F \Delta X = F(X(t)) \tag{2.49}$$

式中，$\Delta X = X_{i+1} - X_i$。

2.5 算例分析

2.5.1 任意载荷振动问题分析

1. 线性载荷

线性载荷的常微分方程为

$$\ddot{x} + \dot{x} - 2x = 2t \tag{2.50}$$

初始条件为 $x(0)=0, \dot{x}(0)=0$。其精确解为 $x = e^t - e^{-2t}/(2-t-1)$。

图 2.6 所示为用 Chebyshev 谱元法求解线性载荷振动问题。在区间 [0,6] 上，对不同单元和不同插值次数，采用不同方案计算线性载荷振动问题的

位移最大绝对误差,如表 2.1 所示。

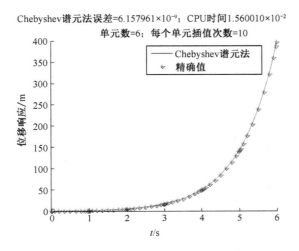

图 2.6 Chebyshev 谱元法求解线性载荷振动问题

表 2.1 采用不同方案计算线性载荷振动问题的位移最大绝对误差

单元数	插值次数/次	位移最大绝对误差（Chebyshev 谱元法）	单元数	插值次数/次	位移最大绝对误差（配点法）
10	10	4.939×10^{-11}	10	10	0.111515
10	20	3.086×10^{-11}	10	20	3.836×10^{-8}
20	50	5.996×10^{-12}	20	50	8.235×10^{-8}
10	100	1.207×10^{-10}	10	100	1.232×10^{-5}
5	300	3.816×10^{-10}	5	300	0.0030
5	500	7.202×10^{-10}	5	1000	0.566
50	100	5.900×10^{-10}	50	2000	3.283
100	50	2.637×10^{-11}	100	5000	396.928

从表 2.1 可以看出,Chebyshev 谱元法计算的线性载荷振动问题有很高的精度,单元数从 10 到 100,插值次数从 10 到 500,位移最大绝对误差均达到 10^{-10} 数量级。从图 2.7 可以进一步看出,本章方法从 h 收敛和 p 收敛两个方面都获得了很高的精度,但是 p 收敛更稳定。而配点法,插值次数从 10 到 5000,最高精度达到了 10^{-8} 数量级,但随着插值次数增加,误差越

来越大，甚至获得了错误的解，当插值次数为 5000 时，位移最大绝对误差为 396.928。

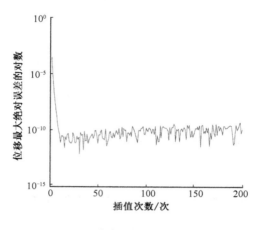

（a）h 收敛（单元数为 10）

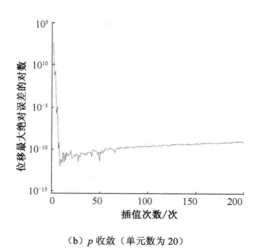

（b）p 收敛（单元数为 20）

图 2.7　线性载荷作用振动问题 Chebyshev 谱元法两种收敛曲线

2. 三角载荷

线性无阻尼系统在三角外力的作用下振动，其振动微分方程可以描述为

$$0.5\ddot{x} + 8\pi^2 x = F(t) \tag{2.51}$$

初始条件为 $x(0) = 0$、$\dot{x}(0) = 0$，三角外力为

$$F(t) = \begin{cases} \dfrac{2F_0}{t_0}t, & 0 < t \leqslant \dfrac{1}{2}t_0 \\ -\dfrac{2F_0}{t_0}(t - t_0), & \dfrac{1}{2}t_0 < t \leqslant t_0 \\ 0, & t > t_0 \end{cases} \tag{2.52}$$

式中，$F_0 = 100$，$t_0 = 0.4$。

振动微分方程的精确解为

$$x(t) = \begin{cases} \dfrac{2F_0}{k}\left[\dfrac{t}{t_0} - \dfrac{t_\omega}{2\pi t_0}\sin\left(2\pi\dfrac{t}{t_\omega}\right)\right], & 0 < t \leqslant \dfrac{1}{2}t_0 \\ \dfrac{2F_0}{k}\left\{1 - \dfrac{t}{t_0} + \dfrac{t_\omega}{2\pi t_0}\left(2\sin\left[\dfrac{2\pi}{t_\omega}\left(t - \dfrac{1}{2}t_0\right)\right] - \sin\left(2\pi\dfrac{t}{t_\omega}\right)\right)\right\}, & \dfrac{1}{2}t_0 < t \leqslant t_0 \\ \dfrac{2F_0}{k}\left\{\dfrac{t_\omega}{2\pi t_0}\left(2\sin\left[\dfrac{2\pi}{t_\omega}\left(t - \dfrac{1}{2}t_0\right)\right] - \sin\left(2\pi\dfrac{t}{t_\omega}\right)\right)\right\}, & t > t_0 \end{cases} \tag{2.53}$$

式中，k、t_ω 分别表示系统的刚度和振动周期。

采用不同的单元数和插值次数分析 0～1.2s 内的位移，得到不同方案计算三角载荷振动问题的位移最大绝对误差，如表 2.2 所示。图 2.8 所示为采用 Chebyshev 谱元法求解三角载荷振动问题。

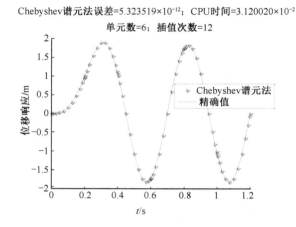

图 2.8 采用 Chebyshev 谱元法求解三角载荷振动问题

表 2.2 采用不同方案计算三角载荷振动问题的位移最大绝对误差

单元数	插值次数/次	位移最大绝对误差（Chebyshev 谱元法）	单元数	插值次数/次	位移最大绝对误差（配点法）
10	10	0.0036	10	20	0.03118
6	100	9.925×10^{-14}	6	50	0.00778
12	300	4.146×10^{-12}	12	100	0.00015
18	12	7.549×10^{-15}	18	200	0.00050
18	50	2.711×10^{-13}	18	500	6.987×10^{-5}
24	11	3.019×10^{-14}	24	1000	5.346×10^{-6}
48	16	8.548×10^{-14}	48	2000	5.022×10^{-6}
48	50	7.007×10^{-13}	48	3000	4.267×10^{-6}

从表 2.2 中可以看出,用 Chebyshev 谱元法求解三角载荷作用下的振动问题可获得比求解线性载荷作用下的振动问题更高的精度。当单元数为 12,插值次数为 300 时,位移最大绝对误差为 4.146×10^{-12};最小的最大绝对误差是单元数为 18、插值次数为 12 时,为 7.549×10^{-15};最大的最大绝对误差是单元数为 10、插值数为 10 时,为 0.0036。而配点法求得的最小的位移最大绝对误差为 4.267×10^{-6},最大的位移最大绝对误差为 0.03118。因此,Chebyshev 谱元法比配点法有更高的精度。从图 2.9 可以进一步说明

第 2 章 基于谱元法的结构动态分析方法

Chebyshev 谱元法不仅精度高，而且稳定。比较图 2.9（a）和图 2.9（b），可以看到 h 收敛更稳定。

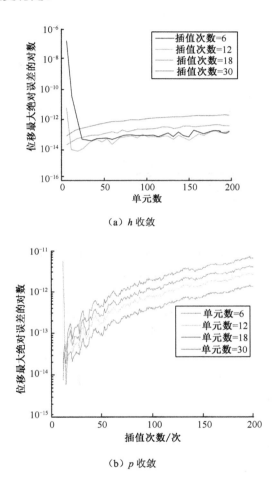

（a）h 收敛

（b）p 收敛

图 2.9 三角载荷作用振动问题 Chebyshev 谱元法两种收敛曲线

3. 半正弦波脉冲载荷

控制方程为

$$\ddot{x} + \omega^2 x = f(t) \tag{2.54}$$

初始条件为 $x(0)=0$, $\dot{x}(0)=0$, $\omega_n=1$。半正弦波脉冲载荷为

$$f(t)=\begin{cases} \sin\dfrac{\pi t}{t_1}, & t<t_1 \\ 0, & t>t_1 \end{cases}$$

其精确解为

$$x(t)\begin{cases} \dfrac{1}{\dfrac{\tau}{2t_1}-\dfrac{2t_1}{\tau}}\left(\sin\dfrac{2\pi t}{\tau}-\dfrac{2t_1}{\tau}\sin\dfrac{\pi t}{t_1}\right), & t<t_1 \\ \dfrac{1}{\dfrac{\tau}{2t_1}-\dfrac{2t_1}{\tau}}\left[\sin\dfrac{2\pi t}{\tau}+\dfrac{2t_1}{\tau}\sin\left(\dfrac{t}{\tau}-\dfrac{t_1}{\tau}\right)\right], & t>t_1 \end{cases} \quad (2.55)$$

当 $t_1=10$ 时，采用 Chebyshev 谱元法计算半正弦波脉冲载荷作用下的振动问题，可以得到如图 2.10 和表 2.3 的结果。

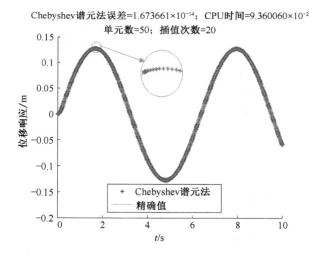

图 2.10 Chebyshev 谱元法求解半正弦波脉冲载荷作用下的振动问题

表 2.3　采用不同方案计算半正弦波脉冲载荷作用下振动问题的位移最大绝对误差

单元数	插值次数/次	位移最大绝对误差（Chebyshev 谱元法）	单元数	插值次数/次	位移最大绝对误差（配点法）
6	100	0.00018	6	40	0.00771
12	50	0.00017	12	50	0.00499
12	20	3.717×10^{-6}	12	90	0.00074
48	50	4.143×10^{-8}	48	160	0.00049
50	12	1.692×10^{-12}	50	200	0.00037
50	20	1.673×10^{-14}	50	240	0.00013
100	12	4.961×10^{-15}	100	600	1.823×10^{-6}
200	12	6.841×10^{-15}	200	2400	7.957×10^{-7}
300	12	9.374×10^{-15}	300	3200	1.401×10^{-5}
300	20	9.503×10^{-14}	300	6000	3.194×10^{-5}

从表 2.3 中可以看出，对 Chebyshev 谱元法单元数比较小，插值次数比较大时，所得结果精度低，如单元数为 6，插值次数为 100 时，位移最大绝对误差为 0.00018；而单元数比较大，插值次数比较小时，所得结果精度高，如单元数为 100，插值次数为 12 时，位移最大绝对误差为 4.961×10^{-15}。对于配点法，当插值次数为 2400 时，可获得最高精度，其位移最大绝对误差为 7.957×10^{-7}；当插值次数为 40 时，精度最低，位移最大绝对误差为 0.00771。总之，用 Chebyshev 谱元法，只要合理选择单元数和插值次数，就可以获得 10^{-10} 数量级以上的精度。

4. 悬臂梁

在空间上由传统的有限元法离散微分方程，形成关于节点变形二次微分方程[7,8]：

$$M\{\ddot{w}\} + K\{w\} = f(t) \qquad (2.56)$$

式中，$\{w\}$ 为节点变形。每个节点包括 6 个变形、3 个位移 $\{x,y,z\}$ 和 3 个旋转 $\{\theta_x,\theta_y,\theta_z\}$，这里没有考虑阻尼。悬臂梁的几何尺寸和物理参数，如表 2.4 所示。

表 2.4　悬臂梁的几何尺寸和物理参数

参　数	数　值
截面惯性矩 I_z/cm^4	1450
截面惯性矩 I_y/cm^4	1269
弹性模量 E/(N/cm^2)	10^7
剪切模量 G/(N/cm^2)	3.9×10^6
梁截面面积 A/cm^2	19.5
梁的长度 L/cm	100
梁的密度 ρ/(kg/cm^3)	2.588×10^{-4}
激励力的振幅 b/N	3.0×10^4

悬臂梁空间上可用 Euler 梁单元来离散，每个节点有 6 个自由度。这里把悬臂梁离散为 10 个单元，即 11 个节点，左端固定，共有 60 个自由度。悬臂梁端点受力为 $f(t)=b\sin(\omega t)$，方向竖直向上。

当载荷频率 ω 为 10π、176.64π、184π 时，用 Chebyshev 谱元法求解获得悬臂梁自由端竖直方向的位移响应，并且与 ANSYS 的分析结果进行比较，如图 2.11 所示。

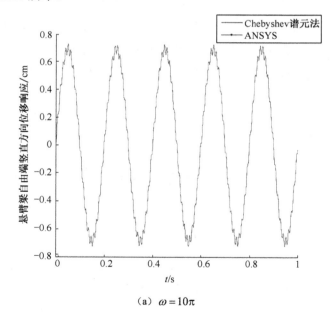

(a) $\omega=10\pi$

图 2.11　Chebyshev 谱元法求解悬臂梁在正弦载荷作用下的振动问题

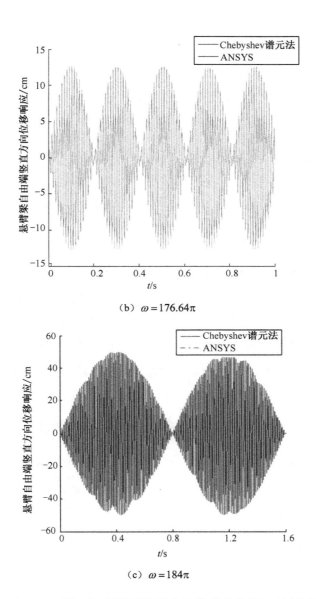

(b) $\omega = 176.64\pi$

(c) $\omega = 184\pi$

图 2.11 Chebyshev 谱元法求解悬臂梁在正弦载荷作用下的振动问题（续）

从图 2.11 可以看出，对于悬臂梁在正弦载荷作用下的振动问题，应用 Chebyshev 谱元法所得的结果与 ANSYS 的结果一致性较好。

2.5.2 聚集单元谱元法

为了验证聚集单元谱元法的优势,本章对 4 个不同实例进行分析,并与等距单元谱元法进行比较。

1. 标准形式

$$\begin{cases} \dfrac{\mathrm{d}x}{\mathrm{d}t} + 0.6x = 10\exp\left[\dfrac{-(t-0.5)^2}{\varepsilon}\right], & 0 \leqslant t \leqslant 1 \\ x(0) = 0.5 \end{cases} \quad (2.57)$$

对于突变载荷,常规的等距单元谱元法不能获得好的收敛效果。对于图 2.12 所示的冲击载荷,无论多么复杂的系统,其动态响应方程最终可以转化为式(2.57)所示的标准形式。其中,在 0.5s 时,产生很大的冲击力,冲击力的幅值可以由系数决定,冲击力的作用时间可以通过调整 ε 来改变,本例中 $\varepsilon = 0.0001125$。解析解可以通过积分因子法并借用 MATLAB 中的 erf 函数获得:

$$x(t) = \exp(-0.6t)\left[A_1 \mathrm{erf}(A_2 - A_3 t) + A_4\right]$$

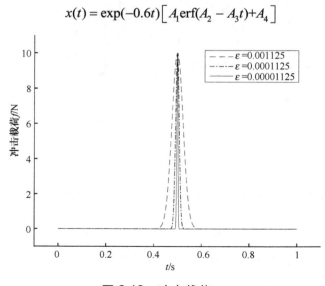

图 2.12 冲击载荷

第 2 章 基于谱元法的结构动态分析方法

式中，$A_1 = -5\sqrt{\pi\varepsilon}\exp\dfrac{\left(\dfrac{1+0.6\varepsilon}{2}\right)^2 - \dfrac{1}{4}}{\varepsilon}$，$A_2 = \dfrac{1+0.6\varepsilon}{2\sqrt{\varepsilon}}$，$A_3 = \dfrac{1}{\sqrt{\varepsilon}}$，$A_4 = \dfrac{1}{2} - A_1$，$\mathrm{erf}(z) = \dfrac{2}{\sqrt{\pi}}\int_0^z \exp(-w^2)\mathrm{d}w$。

图 2.13 所示为等距单元谱元法的计算结果，很明显其误差很大，特别是在载荷突变处，当 N_{el}=30 时，误差极大；而当 N_{el}=100 时，误差减小了很多，但还是较大。图 2.14 所示为聚集单元谱元法的计算结果，在单元数和插值次数相等的前提下，该方法可消除误差。图 2.15 和图 2.16 更能说明聚集单元谱元法的优势。图 2.15 将等距单元谱元法与聚集单元谱元法进行比较，对单元数为 50 的情况，当单元插值次数为 18 时，前者误差为 0.02506，后者误差为 1.382×10^{-10}，优势明显。图 2.16 将聚集单元谱元法与等距单元谱元法进行比较，发现对单元数为 80 的情况，当单元插值次数分别为 5、10、18 时，聚集单元谱元法误差分别为 3×10^{-9}、3.628×10^{-12}、2.668×10^{-12}，而当单元插值次数为 18 次时，误差为 0.01124，可以看出聚集单元谱元法在求解冲击载荷响应有很大优势。

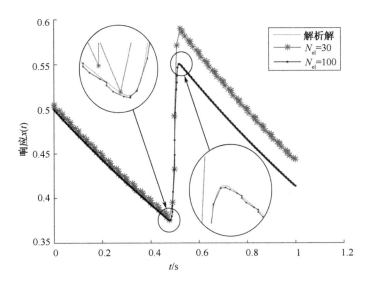

图 2.13 等距单元谱元法计算结果

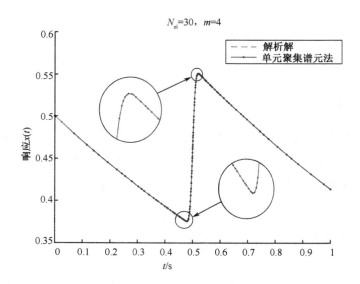

图 2.14 聚集单元谱元法计算结果

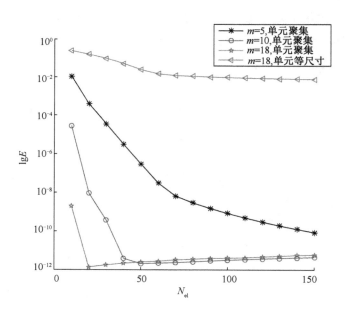

图 2.15 聚集单元谱元法与等距单元谱元法比较（单元数为 50）

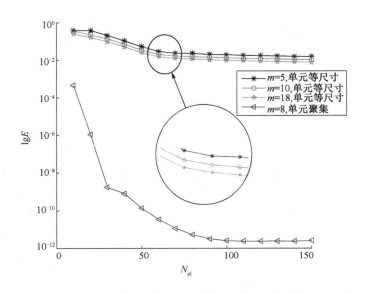

图 2.16 等距单元谱元法与聚集单元谱元法比较（单元数为 80）

2. 线性单自由度系统

图 2.17 所示为线性单自由度系统。其中，固定质量 m=1kg，弹簧刚度系数为 k=0.9，阻尼器系数为 c=0.9。当 t=0 时，系统以 v=1m/s 的速度撞击在一个固定的阻碍物上，同时所受冲击载荷 $f(t) = 10\exp\left[-(t-6)^2/\varepsilon\right]$，$\varepsilon$=0.01125。系统的运动方程为

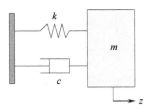

图 2.17 线性单自由度系统

$$\ddot{x}(t) + c\dot{x}(t) + kx(t) = f(t) \tag{2.58}$$

式（2.58）的自由振动解析解为

$$z(k,c,m,t)=\begin{cases}\dfrac{\exp-t\dfrac{c}{2m}}{\sqrt{\dfrac{k}{m}-\left(\dfrac{c}{2m}\right)^{2}}}\sin\left[t\sqrt{\dfrac{k}{m}-\left(\dfrac{c}{2m}\right)^{2}}\right], & \text{if } 0\leqslant\dfrac{c/(2m)}{\sqrt{k/m}}<1\\[2em] t\exp-t\sqrt{\dfrac{k}{m}}, & \text{if } \dfrac{c/(2m)}{\sqrt{k/m}}=1\\[2em] \dfrac{\exp-t\dfrac{c}{2m}}{\sqrt{\dfrac{k}{m}-\left(\dfrac{c}{2m}\right)^{2}}}\left[\exp t\sqrt{\left(\dfrac{c}{2m}\right)^{2}-\dfrac{k}{m}}-\exp-t\sqrt{\left(\dfrac{c}{2m}\right)^{2}-\dfrac{k}{m}}\right], & \text{if } \dfrac{c/(2m)}{\sqrt{k/m}}>1\end{cases}$$

（2.59）

线性单自由度系统虽然既有初速度，又同时受冲击载荷的作用，但冲击载荷的中心在 6s 处，且其宽度由 $\varepsilon=0.01125$ 来控制，很窄，因此在 4s 附近系统还属于自由振动。图 2.18 所示为线性单自由度系统的动态位移响应，从图中可以看出，当单元数为 12，单元插值次数为 12 时，聚集单元谱元法明显比等距单元谱元法精度高。

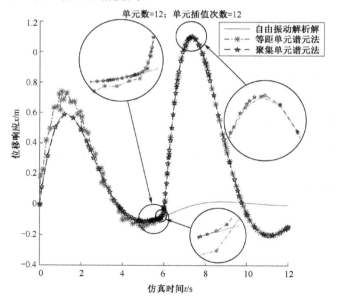

图 2.18　线性单自由度系统的动态位移响应

3. 杆桁架结构

124 杆桁架结构包含 49 个铰链、94 个自由度（见图 2.19）。其弹性模量 E=207GPa，泊松比 v=0.3，密度 ρ=7850kg/m³，杆的截面积为 0.645×10^{-4}m²。在节点 1、20、19、18、17、16、15 的 X 正方向上作用相同的动态载荷，在节点 1、2、3、4、5 的 y 负方向上也作用相同的动态载荷。动态载荷 $f(t)=b\exp\left[-(t-0.2)^2/\varepsilon\right]$，其中，$b=1000$，$\varepsilon=0.0001125$。

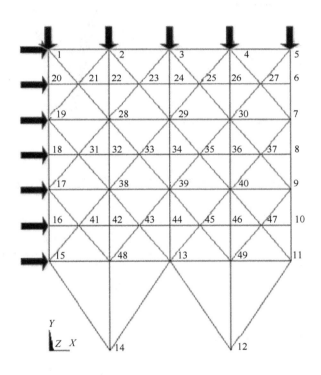

图 2.19　124 杆桁架结构

从工程角度，将节点 1、2、3、4、5、15、16、17、18、19、20 作为重点考察位置（称为关键位置），同时也是冲击载荷作用的位置。在冲击载荷的作用下，124 杆桁架结构关键位置节点 X 方向的动态位移响应如图 2.20 所示。将其中节点 1 X 方向的位移单独考虑，并局部放大，如图 2.21 所示，

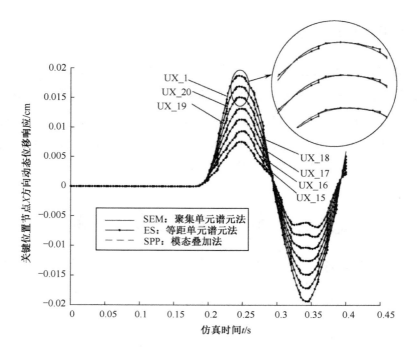

图 2.20 124 杆桁架结构关键位置节点 X 方向的动态位移响应

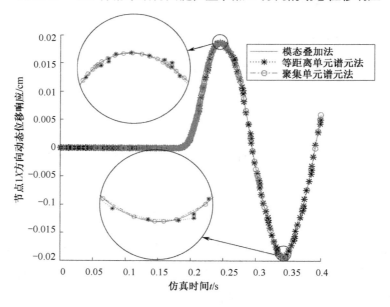

图 2.21 124 杆桁架结构节点 1X 方向的动态位移响应

可以明显看出，等距单元谱元法的计算结果在部分点偏离精确值，而聚集单元谱元法没有出现这种现象。实际上，关键位置的每个节点都出现了类似现象，限于篇幅，没有全部列出。

4. 连杆小头

连杆小头及其相连的杆身部分如图 2.22 所示。其采用 PLANE42 单元，右端固定，有 111 个节点、212 个自由度。连杆小头内圆中间所受的水平向右的冲击载荷，$f(t)=b\exp\left[(-(t-0.1)^2/\varepsilon)\right]$、$b=10^6$、$\varepsilon=0.0001125$。连杆材料的弹性模量 E=207GPa，泊松比 v=0.3，密度 ρ=7850kg/m^3。

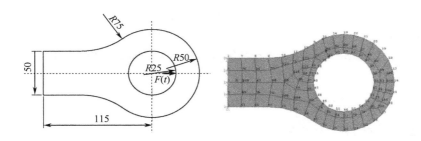

图 2.22 连杆小头及其相连的杆身部分

将连杆小头圆角处作为关键位置，考察节点 15、42、49、93 在 X 方向的动态位移响应。在图 2.23 中，若将模态叠加法获得的结果看作精确解，那么可以看出，在相同的单元数、尺寸、插值次数下，聚集单元谱元法的结果更精确，和模态叠加法保持一致，而等距单元谱元法的结果存在较大误差。由于位移响应本身很小，图 2.23 也进行了局部放大。

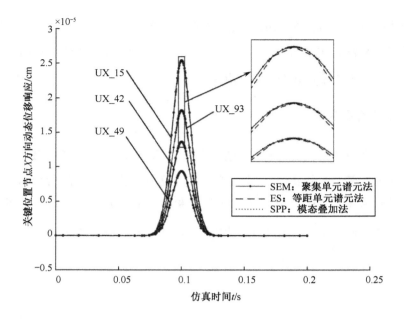

图 2.23　连杆小头 4 个关键位置节点 X 方向的动态位移响应

2.5.3　非线性振动分析

1. Duffing 型非线性振动方程

Duffing 型非线性振动方程可以写为

$$\ddot{u} + u + \varepsilon u^3 = F\sin(\omega t) \tag{2.60}$$

式中，ε、F 是给定的常数；ω 是外载荷的频率，也是常数。

（1）当 $\varepsilon = -1/6$、$F = 0$、$\omega = 0.7$ 时，初始条件为

$$\begin{cases} u(0) = 0 \\ \dot{u}(0) = 1.62376 \end{cases}$$

式（2.60）的近似解析解为

$$u(t) \cong 2.058\sin(0.7t) + 0.0816\sin(2.1t) + \\ 0.00337\sin(3.5t) \tag{2.61}$$

此时，Duffing 型非线性振动问题的响应和 Newton-Raphson 迭代过程分别如图 2.24 和图 2.25 所示。

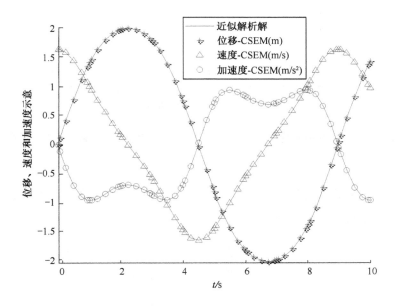

图 2.24　Duffing 型非线性振动问题的响应（第一种初始条件）

（2）当 $\varepsilon = -1/6$、$F = 2$、$\omega = 1$ 时，初始条件为

$$\begin{cases} u(0) = 0 \\ \dot{u}(0) = -2.7676 \end{cases}$$

式（2.60）的近似解析解为

$$u(t) \cong -2.5425\sin t - 0.07139\sin(3t) - \\ 0.00219\sin(5t) \tag{2.62}$$

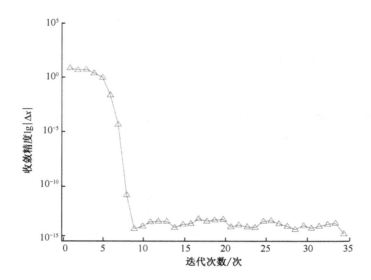

图 2.25　Duffing 型非线性振动问题的 Newton-Raphson 迭代过程
（第一种初始条件）

此时，Duffing 型非线性振动问题的响应和 Newton-Raphson 迭代过程分别如图 2.26 和图 2.27 所示。

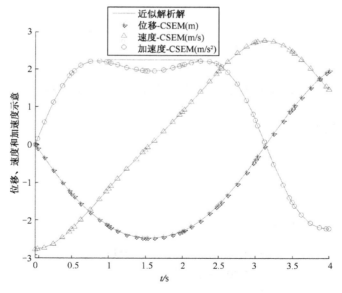

图 2.26　Duffing 型非线性振动问题的响应（第二种初始条件）

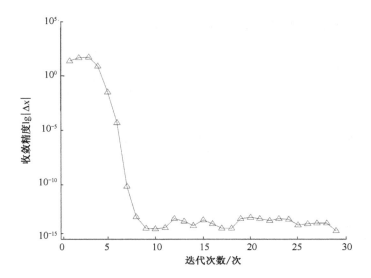

图 2.27 Duffing 型非线性振动问题的 Newton-Raphson 迭代过程
（第二种初始条件）

从图 2.24 和图 2.26 可以看出，本章方法获得的结果与近似精确解非常吻合。从图 2.25 和图 2.27 可以看出，Duffing 型非线性振动在两组不同参数下都有很好的收敛。

2. 单摆的非线性振动

单摆的非线性振动方程为

$$\ddot{\theta} + \frac{g}{l}\sin\theta = 0 \tag{2.63}$$

式中，g 为重力加速度；l 为摆长；θ 为摆角。初始条件为 $\theta(0)=\theta_0$，$\dot{\theta}(0)=\dot{\theta}_0$。

当单元数为 10，插值次数为 6 时，通过 Galerkin 离散方案得到非线性方程组，然后利用 Newton-Raphson 法求解，可得到当初始摆角 $\theta_0 = \pi/5$ 时的摆角、角速度和角加速度，如图 2.28 所示，并且将其与 ODE45 求解器的计算结果比较，两者很吻合。图 2.29 为单摆非线性振动的 Newton-Raphson

迭代过程，可以看出其非线性有很好的收敛。

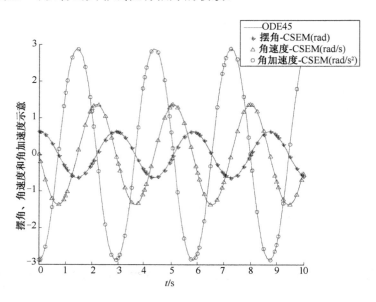

图 2.28　单摆非线性振动的响应 $\theta_0 = \pi/5$

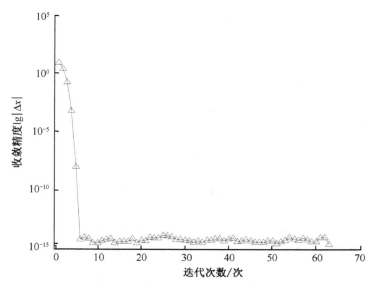

图 2.29　单摆非线性振动的 Newton-Raphson 迭代过程

求出摆角响应 $\theta(t)$ 后,可以获得两个时间点 t_i、t_j,它们满足 $\theta(t_i)>0$,$\theta(t_j)<0$ 且 $t_i<t_j$。在区间 $[t_i,t_j]$ 上进行重心 Lagrange 插值,然后采用二分法求解 $\theta(t)=0$,可获得 $t_{\theta=0}$,那么具有某一初始摆角的单摆非线性振动的周期 $T=4t_{\theta=0}$。将其和单摆线性振动的周期 $T_0=2\pi\sqrt{l/g}$ 相比如表 2.5 所示,并与精确解、二阶摄动解及 DQ 法进行比较。

根据表 2.5 的数据可得,当初始摆角 $\theta_0<135°$ 时,谱元法可以获得最大的绝对误差为 0.0013,而二阶摄动解最大的绝对误差为 0.1042,DQ 法最大的绝对误差为 0.0016;当 $\theta_0=150°$ 时,谱元法获得最大的绝对误差为 0.0016,而二阶摄动解最大的绝对误差为 0.1585,DQ 法最大的绝对误差为 0.0125。

表 2.5　单摆非线性振动的初始摆角和固有频率的比值

初始摆角	精确解[109]	谱元法	二阶摄动解[110]	DQ 法[111]
5°	0.9995	0.999524054146334	0.9995	0.9994
15°	0.9957	0.995717836609230	0.9957	0.9957
30°	0.9829	0.982889082896578	0.9829	0.9829
60°	0.9318	0.931808391622448	0.9335	0.9319
90°	0.8472	0.847213084794106	0.8620	0.8472
120°	0.7285	0.728395515523455	0.7895	0.7283
135°	0.6558	0.654472710779005	0.7600	0.6542
150°	0.5791	0.567471276593891	0.7376	0.5666

2.6　本章小结

本章采用重心 Lagrange 插值近似单元未知函数,获得了精确单元插值微分矩阵,通过有限元节点共享特性获得了全局插值微分矩阵。对于任意载荷的振动问题,Chebyshev 谱元法均可以获得很高的精度,特别是当仿真时间较长时,更能体现其优越性,并且可以克服配点法对仿真时间长的振动问题得不到可用解的缺点。不仅对于任意载荷的一维振动问题，而且对于任意载荷的连续体振动问题，Chebyshev 谱元法同样可以获得满意的解，为进一步求解动力学问题及其优化设计提供了参考。

针对冲击载荷的特点，并结合谱元法精度高的优点，设定载荷中心单元尺寸与两侧单元尺寸的比值来适应载荷的突变性，使单元的离散与冲击载荷的变化相适应。在单元数、尺寸、插值次数相同的前提下，对求解冲击载荷的动态响应问题，聚集单元谱元法比等距单元谱元法精度高。从动态问题的标准形式，到线性单自由度系统，124 杆平面桁架；再到连杆小头问题的冲击载荷动态响应分析结果，都说明了谱元法的可行性和有效性，为进一步研究冲击载荷作用下的结构动态响应提供了参考。

通过获得非线性代数方程组，并结合 Newton-Raphson 法，可以同时获得非线性振动问题的位移和速度，进而通过微分方程中加速度与位移和速度的关系求出加速度；对于非线性单摆振动问题，在求出角位移后，结合二分法可以精确求出不同初始摆角时的角频率，并与其他方法进行比较，进而说明谱元法的精度最高。

第3章

基于时间谱元法的动态响应优化方法

对于可建立精确物理模型的机械结构,在动态载荷作用下,为使机器动态性能指标达到极值,我们可以建立动态响应方程,然后对其进行动态响应优化。当然,并行化可以对动态响应优化起到一定的作用,但其只是从如何减小耗时方面考虑,然而,在动态响应优化求解过程中,仿真模型的精度给动态响应优化带来困难,因此对这类问题非常有必要研究一种高精度、高效率求解动态响应的技术。

有限差分法在与时间相关响应的数值计算方法中占主导地位。此方法从初始条件开始,用小时间步长计算与时间相关的二阶微分方程或方程组,直到达到收敛要求。时间步长的大小决定了计算的稳定性与准确性,也会影响计算效率。如果在经过多个瞬态周期并达到稳态循环后,再计算周期响应,计算效率会明显提高。但是,当系统受脉冲激励时,基于频率的方法对解决响应快速变化的问题精度不高。在文献[44]中,对于脉冲激励的动力系统,在半连续附近采用 h 型精细方案的谱元法,并且将微分方程或方程组转化为代数方程组,在不增加单元数的前提下达到谱收敛精度。

文献[112]提出将设计变量和位移响应,设计变量和位移响应、速度响应,设计变量和位移响应、速度响应、加速度响应作为优化变量的三种方案,应用有限差分法近似和时间相关的约束,将运动微分方程作为等式约束处理,这样就用显式形式给出了优化变量的梯度表达式,从而高效求得梯度信息。可是将一个少变量问题变成高维问题，不仅求解困难，而且很难收敛。对于动态响应最大值最小问题，由于在迭代过程中最大响应是振荡的，直接处理目标函数是很难收敛的[113]，因此，可以预先给定一个全局最大响应系数，在优化过程中，要使大于这个全局最大响应系数的局部动态响应最大值最小。

有限元法最大的特点是它将微分方程或方程组转化为代数方程组[114]。这样就可以获得响应对设计变量的更多显式关系，从而有效地计算响应的灵敏度。在本书中，我们应用时间谱元法在时间域上离散微分方程或微分方程组。1984年，Patera提出了谱元法[42]，它既有有限元法的处理边界和结构灵活性，又有谱方法的快速收敛性。在一个单元内，谱元法将时间离散为与GLL多项式零点相对应的网格点，在这些点上进行Lagrange插值，然后在整个时间区间上解微分方程或微分方程组，从而得到瞬态响应和稳态响应。在求解脉冲激励响应时，应用谱元法在整个时间区间上进行时间离散，通过在激励突变附近增加插值次数，或者减少单元尺寸来体现其局部灵活性[44]。

对承受瞬态载荷的结构优化自20世纪70年代就开始研究了。2006年，Kang等人[37]首次把动态响应优化作为优化的一个分支。在其优化中，设计变量每迭代一次，就需要计算一次时间响应，同时，必须在整个时间区间内满足约束。处理时间约束的方法：一种是只在响应的全局最大值处满足约束；另一种是在更小的时间步长上满足约束，从而使中间点处不可能发生约束失效，这种方法更稳定。准静态方法应用这种方法来使多个等静态载荷满足约束[115]。在这两种方法中，约束数量大大增加，由于在优化迭代过程中，要计算这些约束的灵敏度，因此这样优化的耗费也在增加。还有一种更加有效的处理时间约束的方法，即只在响应的局部极值点处处理约束，这样减少了约束数量，并减少了计算约束对设计变量灵敏度的次数[116]。

第3章 基于时间谱元法的动态响应优化方法

本章通过应用时间谱元法来有效优化激励动态系统，并比较了在 GLL 点执行约束与在响应的局部极值点执行约束的优化成本。

3.1 机械结构动态响应优化模型

机械结构动态响应优化设计问题的目标函数为，选择设计变量向量 $X(x_1, x_2, \cdots, x_k)^T$，以使系统在受到瞬变载荷作用下，在给定时间区间$[0,T]$满足瞬时动态性能（振幅或相对位移极限，动应力、动应变破坏极限等）及设计变量允许变化范围等约束条件，并使系统某些关键位置坐标的最大动态响应（位移、速度、加速度）在某种意义或准则下达到最优。其数学模型可表示为

$$\begin{cases} X = \left[x_1, x_2, \cdots, x_k\right]^T \\ z(t) = \left[z(t), \dot{z}(t), \ddot{z}(t)\right]^T \\ \dot{z}(t) = p\left[X, t, z(t), F(t)\right] \\ z(t_0) = z_0, \dot{z}(t_0) = \dot{z}_0 \\ J(X, z, t) \\ h_i\left[X, t, z(t)\right] = 0, i = 1, 2, \cdots, m \\ g_j\left[X, t, z(t)\right] \leqslant 0, j = 1, 2, \cdots, n \\ \forall t \in [0, T] \end{cases} \quad (3.1)$$

式中，X 是系统的设计变量向量，由系统的几何参数和物理参数组成；$z(t)$ 是系统的状态变量向量，由系统运动状态的广义坐标如位移、速度、加速度等组成，其要满足机械系统运动规律的运动方程，即动态特性的数学描述，$\dot{z}(t) = p\left[X, t, z(t), F(t)\right]$；$J$ 是目标函数；h_i、g_j 分别表示等式约束和不等式约束，要求在所有时间点（$\forall t \in [0, T]$）上都要满足。一般建立的运动方程是二阶微分方程或二阶微分方程组，但式（3.1）中的运动方程是一阶

的，我们可以用变量代换将二阶微分方程或二阶微分方程组转化为一阶微分方程组。

处理与时间相关的约束有两种方法（见文献[117]）。一种是在所有 GLL 点满足约束，即 GLL 点法；另一种是在每个单元的绝对值极值点处满足约束，即关键点法。第一种方法要求 GLL 点之间的距离尽量小，这样 GLL 之间的绝对值极值点得不到满足的可能性减小，因此，约束数量比较庞大，同时谱元法的求解开销也较大。第二种方法可以用满足精度要求的较少谱单元来求解运动微分方程。在每个单元内，其通过对高次 Lagrange 函数进行一维搜索来找到单元绝对值极值点。当然，单元绝对值极值点是振荡的，因此，每迭代一步，都要重新计算单元绝对值极值点。

3.2　动态响应优化方法

在各种各样的机械系统（如减振器、武器后座机构、飞机起落架、汽车悬挂系统等）中，系统的主质量在该系统达到稳态之前可能有大幅度振动，当激励力的频率接近系统的固有频率时，系统可能被破坏。因此，必须约束激励的瞬时动态响应。对于这种问题，可以用物理模型的优化来解决。

3.3　线性单自由度系统的最优化设计

图 3.1 所示的线性单自由度系统有一个固定质量 $m=1\text{kg}$ 的质量块，设

计变量 k 和 c 分别表示弹簧刚度系数和阻尼系数。当 $t=0$ 时，系统以 $v=1\text{m/s}$ 的速度撞击在一个固定的阻碍物上。设计 k 和 c，使得在时间[0,12s]，质量块的加速度极小化且位移最大响应不大于 1m。

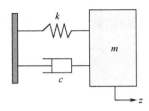

图 3.1　线性单自由度系统

系统运动方程为

$$\ddot{z}(t)+c\dot{z}(t)+kz(t)=0 \quad (3.2)$$

式（3.2）的解析解为

$$z(k,c,m,t)=\begin{cases} \dfrac{\exp-t\dfrac{c}{2m}}{\sqrt{\dfrac{k}{m}-\left(\dfrac{c}{2m}\right)^2}}\sin\left(t\sqrt{\dfrac{k}{m}-\left(\dfrac{c}{2m}\right)^2}\right), & \text{if } 0\leqslant \dfrac{c/(2m)}{\sqrt{k/m}}<1 \\[2ex] t\exp-t\sqrt{\dfrac{k}{m}}, & \text{if } \dfrac{c/(2m)}{\sqrt{k/m}}>1 \\[2ex] \dfrac{\exp-t\dfrac{c}{2m}}{\sqrt{\dfrac{k}{m}-\left(\dfrac{c}{2m}\right)^2}}\left[\exp t\sqrt{\left(\dfrac{c}{2m}\right)^2-\dfrac{k}{m}}-\exp-t\sqrt{\left(\dfrac{c}{2m}\right)^2-\dfrac{k}{m}}\right], & \text{if } \dfrac{c/(2m)}{\sqrt{k/m}}>1 \end{cases}$$

(3.3)

处理目标函数时，引入人工设计变量 b，那么线性单自由度系统问题的优化模型为

$$\begin{cases} \min b \\ \ddot{z}(t)+c\dot{z}(t)+kz(t)=0 \\ |c\dot{z}(t)+kz(t)|-b\leqslant 0 \\ |z(t)-1\leqslant 0| \end{cases} \quad (3.4)$$

将优化模型式（3.4）分别应用解析法和谱元法求解，其解析解如图 3.2 所示。显然，图 3.2 中的实心圆即为最优点。谱元法求解结果如表 3.1～表

3.4 及图 3.3、图 3.4 所示。其中，表 3.1、表 3.2 和图 3.3 是采用 GLL 点法得到的结果；表 3.3、表 3.4 和图 3.4 是采用关键点法得到的结果。

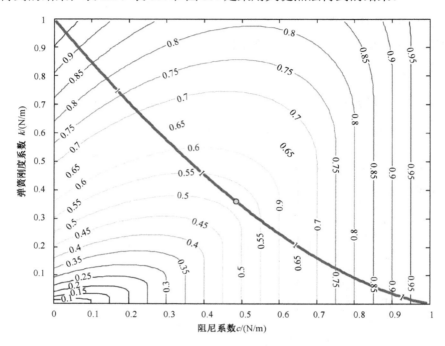

图 3.2 线性单自由度系统问题的解析解

表 3.1 GLL 点法数值试验最优点（单自由度）

插值点数		单元数 N_{el}								
m		10	20	60	100	200	300	400	500	600	800
3	c	0.4684655	0.487330	0.484996	0.484435	0.4840003	0.485851	0.485281	0.4849336	4.847042×10^{-1}	0.4851674
	k	0.3746571	0.355675	0.360456	0.361225	0.3617721	0.359815	0.360431	0.3607923	3.610399×10^{-1}	0.3605523
	$|a|$	0.5124303	0.518689	0.520384	0.520524	0.5205923	0.520584	0.520593	0.5205929	5.205972×10^{-1}	0.5205977
6	c	0.4984423	0.485088	0.484061	0.486063	0.4848087	0.485537	0.485042	0.4855214	0.4851940	0.4852141
	k	0.3464638	0.360561	0.361708	0.359608	0.36093	0.360162	0.360684	0.3601791	0.3605249	0.3605036
	$|a|$	0.5195993	0.520487	0.520592	0.520590	0.520596	0.520596	0.520597	0.5205979	0.5205980	0.5205983
10	c	0.4939818	0.484161	0.485248	0.484568	0.4848257	0.485077	0.485282	0.4849362	0.4851150	0.4851482
	k	0.3510828	0.361601	0.360467	0.361183	0.3609125	0.360646	0.360431	0.3607958	0.3606082	0.3605730
	$|a|$	0.5201820	0.520586	0.520592	0.520598	0.5205981	0.520597	0.520598	0.5205983	0.5205984	0.5205986

注：表中 $|a|$ 表示加速度的绝对值，单位为 m/s²，下同。

第 3 章 基于时间谱元法的动态响应优化方法

表 3.2 GLL 点法 CPU 耗时 t 及迭代次数 n（单自由度）

插值点数 m		单元数 N_{el}									
		10	20	60	100	200	300	400	500	600	800
3	t	5.468750	3.328125	7.67187	15.4062	75.8750	47.78125	46.10938	105.2656	184.7656	86.12500
	n	8	10	10	12	20	20	15	29	44	13
6	t	3.468750	5.421875	24.3750	70.5312	426.656	186.0469	123.5156	436.4063	221.0781	249.6563
	n	10	11	15	20	27	39	18	53	21	16
10	t	4.218750	14.10938	66.9062	289.421	201.3281	170.7031	633.6250	1872.672	521.7031	585.3890
	n	9	15	18	27	31	15	37	69	16	105

注：CPU 耗时 t 的单位为 s，下同。

表 3.3 关键点法数值试验最优点（单自由度）

插值点数 m		单元数 N_{el}									
		10	20	60	100	200	300	400	500	600	800
3	c	0.484269	0.484827	0.485112	0.485137	0.485148	0.485149	0.48515	0.485150	0.485151	0.485151
	k	0.359551	0.360387	0.360550	0.360563	0.360568	0.360569	0.36057	0.360570	0.360570	0.360570
	$\|a\|$	0.519002	0.520154	0.520547	0.520580	0.520594	0.520597	0.52059	0.520598	0.520598	0.520598
6	c	0.485036	0.485122	0.485148	0.485150	0.485151	0.485151	0.48515	0.485151	0.485151	0.485151
	k	0.360512	0.360555	0.360569	0.360570	0.360570	0.360570	0.36057	0.360570	0.360570	0.360570
	$\|a\|$	0.520447	0.520560	0.520594	0.520597	0.520598	0.520598	0.52059	0.520599	0.520599	0.520599
10	c	0.485134	0.485147	0.485151	0.485151	0.485151	0.485151	0.48515	0.485151	0.485151	0.485151
	k	0.360562	0.360568	0.360570	0.360570	0.360570	0.360570	0.36057	0.360570	0.360570	0.360570
	$\|a\|$	0.520576	0.520593	0.520598	0.520598	0.520599	0.520599	0.52059	0.520599	0.520599	0.520599

表 3.4 关键点法 CPU 耗时及迭代次数（单自由度）

插值点数 m		单元数 N_{el}									
		10	20	60	100	200	300	400	500	600	800
3	t	16.843750	27.312500	78.484375	143.140625	265.17187	423.0468	538.8593	438.984375	538.046875	781.421875
	n	12	12	12	13	14	15	15	12	13	14
6	t	16.968750	34.156250	114.015625	239.015625	296.95312	686.8906	717.00000	691.421875	853.437500	1122.609375
	n	10	11	13	16	11	18	13	13	14	13
10	t	24.578125	56.500000	163.593750	255.000000	517.01562	1064.531	1170.9843	1760.796875	1495.906250	2910.078125
	n	11	13	13	13	13	17	16	15	14	14

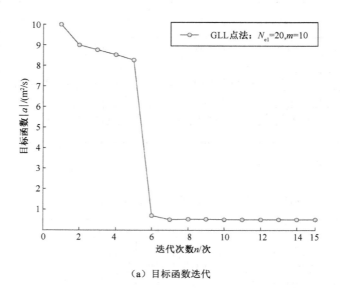

（a）目标函数迭代

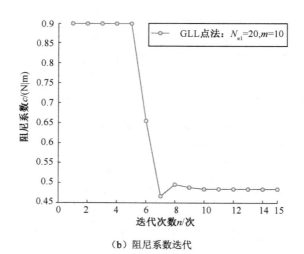

（b）阻尼系数迭代

图 3.3 GLL 点法处理线性单自由度系统问题的优化迭代

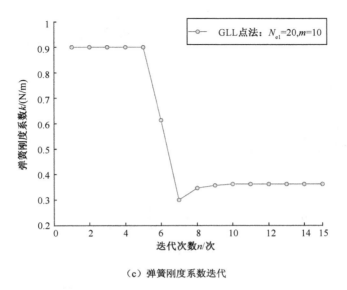

（c）弹簧刚度系数迭代

图 3.3　GLL 点法处理线性单自由度系统问题的优化迭代（续）

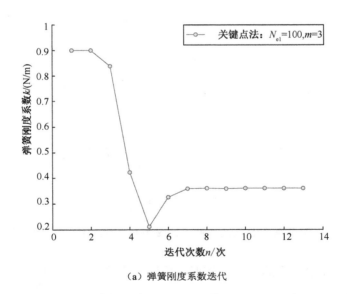

（a）弹簧刚度系数迭代

图 3.4　关键点法处理性线单自由度系统问题的优化迭代

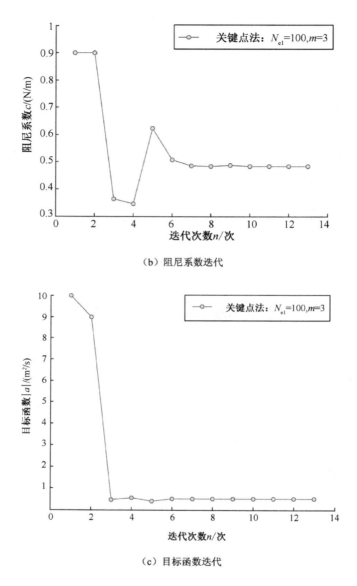

（b）阻尼系数迭代

（c）目标函数迭代

图3.4 关键点法处理性线单自由度系统问题的优化迭代（续）

当用 GLL 点法处理时间约束时，用谱元法求解线性单自由度系统最优设计问题时，从表3.1、表3.2可以看出，除了单元数为10、20、60，插值点数为3和单元数为10，插值点数为3、6、10的情况没有获得精确最优解

第 3 章 基于时间谱元法的动态响应优化方法

值,其他情况都获得了最优解。其中,当单元数大于 200 时,得到的结果最精确。图 3.3 说明采用 GLL 点法处理时间约束的谱元法能快速收敛到最优点。

从表 3.1 和表 3.2 可以看出,在 GLL 点法试验结果中,除单元数 10 对应的插值数 3、6、10 和单元数 20 对应的插值数 3、6 之外,都获得了最优点,合理结果在表 3.1 中又呈现出阶梯形状。从表 3.2 可知,在这些合理结果中,耗时最少的是 4.218750s,最多的是 585.3890s。从表 3.3 和表 3.4 中分析可以看出,在关键点法试验结果中,除单元数 10、插值数 3 之外,都获得了最优点;耗时最少的是 16.968750s,最多的是 2910.078125s。图 3.4 说明用关键点法处理时间约束的谱元法也能快速收敛到最优点。从图 3.5 可以发现,关键点法处理时间约束的谱元法可以很快下降到最优点附近,而 GLL 点法处理时间约束的谱元法比较慢,但最终 GLL 点法较关键点法迭代步骤少。因此,从准确性来看,关键点法优于 GLL 点法;从耗时来看,GLL 点法优于关键点法。图 3.6 说明优化效果非常明显。

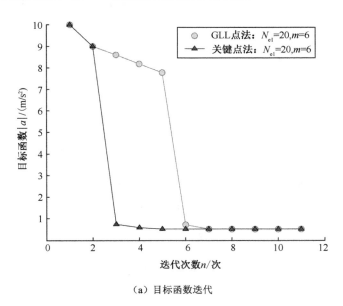

(a) 目标函数迭代

图 3.5 GLL 点法和关键点法比较

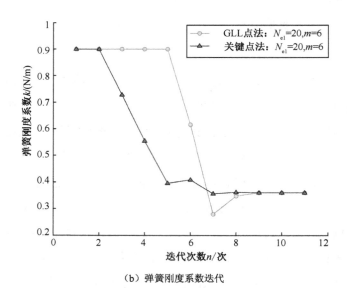

(b)弹簧刚度系数迭代

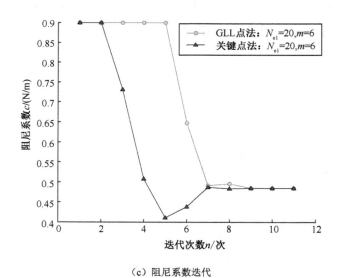

(c)阻尼系数迭代

图 3.5　GLL 点法和关键点法比较（续）

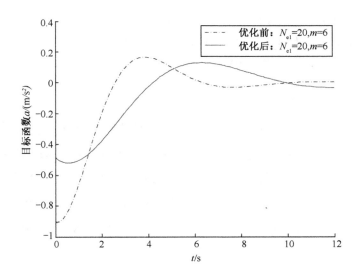

图 3.6 优化前后的目标函数

3.4 线性两自由度减振器最优化设计

在如图 3.7 所示的线性两自由度减振器中，m_1=4.534kg、m_2=4.534kg、k_1=1749.03N/m，激励频率 ω 是主质量固有频率 Ω_n 的 1.2 倍，即 $\omega = 23.57\,\text{rad}$。求阻尼器的刚度系数 k_2 和阻尼系数 c，使得主质量的最大位移响应最小，同时满足振动空间约束条件减振器位移响应和主质量位移响应之差不能超过主质量最大位移响应的 3 倍，以及稳态约束条件。模型可用式（3.5）表示，其减振器初始条件均为零。

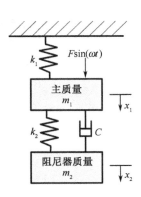

图 3.7 线性两自由度减振器

$$\begin{cases} m_1\ddot{x}_1(t) + k_1 x_1(t) + k_2[x_1(t) - x_2(t)] + c[\dot{x}_1(t) - \dot{x}_2(t)] = F\sin(\omega t) \\ m_2\ddot{x}_2(t) + k_2[x_2(t) - x_1(t)] + c[\dot{x}_2(t) - \dot{x}_1(t)] = 0 \\ x_1(0) = x_2(0) = 0, \dot{x}_1(0) = \dot{x}_2(0) = 0 \end{cases} \quad (3.5)$$

引入如下符号：

$x_{st} = \sqrt{F/k}$ 表示由力 F 产生的主质量的静位移；$\Omega_n = \sqrt{k_1/m_1}$ 表示主系统的非耦合固有频率；$\omega_n = \sqrt{k_2/m_2}$ 表示阻尼器系统的非耦合固有频率；$\bar{\mu} = m_2/m_1$ 表示阻尼器质量与主质量之比；$f = \omega_n/\Omega_n$ 表示阻尼器与主质量的非耦合固有频率之比；$\xi = \omega/\Omega_n$ 表示激励频率与主质量的非耦合固有频率之比；$C_c = 2m_2\omega_n$ 表示临界阻尼；c 表示阻尼系数；$\xi = c/C_c$ 表示阻尼比；$x_1 = x_1(\xi, f, \zeta)$ 表示主质量的位移。

令 $z_i = x_i/x_{st}$ ($i=1,2$)，则式（3.5）转化为

$$\begin{cases} \ddot{z}_1 + \Omega_n^2 z_1 + 2\bar{\mu}\xi\omega_n(\dot{z}_1 - \dot{z}_2) + \bar{\mu}f^2\Omega_n^2(z_1 - z_2) = \Omega_n^2 \sin(\Omega_n \xi t) \\ \ddot{z}_2 + 2\xi\omega_n(\dot{z}_2 - \dot{z}_1) + f^2\Omega_n^2(z_2 - z_1) = 0 \end{cases} \quad (3.6)$$

再令 $x_1 = \dot{z}_1$、$x_2 = z_1$、$x_3 = \dot{z}_2$、$x_4 = z_2$，那么式（3.6）转化为

$$\dot{X} + A_s X = F \quad (3.7)$$

式中，$\dot{X} = [\dot{x}_1 \dot{x}_2 \dot{x}_3 \dot{x}_4]^T$，$X = [\dot{x}_1 \dot{x}_2 \dot{x}_3 \dot{x}_4]^T$，

$$A_s = \begin{bmatrix} 2\bar{\mu}\xi\omega_n & \Omega_n^2(1+\bar{\mu}f^2) & -2\bar{\mu}\xi\omega_n & -\bar{\mu}f^2\Omega_n^2 \\ -1 & 0 & 0 & 0 \\ -2\xi\omega_n & -f^2\Omega_n^2 & 2\xi\omega_n & f^2\Omega_n^2 \\ 0 & 0 & -1 & 0 \end{bmatrix},$$

$$F = \begin{bmatrix} \Omega_n^2 \sin(\Omega_n \xi t) \\ 0 \\ 0 \\ 0 \end{bmatrix}.$$

那么，减振器优化模型表示为

$$\begin{cases} \min\limits_{t\in[0,T]} \max |x_2(\xi,f,t)| \\ \text{s.t. } \dot{X}+A_sX=F \\ \text{s.t. } |x_4(\xi,f,t)-x_2(\xi,f,t)|\leq 3\max|x_2(\xi,f,t)| \\ \text{s.t. } x_{st4}(\xi,f,t)\leq a \\ \text{s.t. } |x_{st4}(\xi,f,t)-x_{st2}(\xi,f,t)|\leq 3a \\ \text{s.t. } \xi_{\min}\leq \xi \leq \xi_{\max} \\ \text{s.t. } f_{\min}\leq f \leq f_{\max} \end{cases} \quad (3.8)$$

根据文献[118]，引入人工设计变量 x_5，则可以把式（3.8）转化为

$$\begin{cases} \overline{\varphi}_0(X)=x \\ \text{s.t. } \dot{X}+A_sX=F \\ \text{s.t. } |x_2|\leq x_5 \\ \text{s.t. } |x_4(\xi,f,t)-x_2(\xi,f,t)|\leq 3x_5 \\ \text{s.t. } x_{st4}(\xi,f,t)\leq a \\ \text{s.t. } |x_{st4}(\xi,f,t)-x_{st2}(\xi,f,t)|\leq 3a \\ \text{s.t. } \xi_l \leq \xi \leq \xi_u \\ \text{s.t. } f_l \leq f \leq f_u \end{cases} \quad (3.9)$$

式中，$a=0.03048\text{m}$；x_{2st}、x_{4st} 分别表示主质量和阻尼器的稳态位移响应，对应的表达式为

$$\begin{cases} x_{st2}=\sqrt{\dfrac{(2\zeta\xi)^2+(\zeta^2-f^2)^2}{x_b}} \\ x_{st4}=\sqrt{\dfrac{(2\zeta\xi)^2+f^4}{x_b}} \end{cases} \quad (3.10)$$

式中，$x_b=(2\zeta\xi)^2(\zeta^2+\overline{\mu}\zeta^2-1)^2+[\overline{\mu}\zeta^2-(\zeta^2-1)(\zeta^2-f^2)]^2$；阻尼比 $\xi\in[10^{-6},0.16785]$；$f\in[10^{-4},2.0]$；$\overline{\mu}=0.1$。在关键点法中，为了找到关键

点，应用黄金分割法和抛物线法进行一维搜索，将目标函数、时间设计变量的收敛上限设置为1.0×10^{-15}；为了不漏掉一切可能的关键点，在每个单元进行两次一维搜索，并要求找到的所有单元关键点均满足约束条件。以其中一组数据为例，其迭代过程如图3.8～图3.10所示。由文献[65]可知，梯度投影法计算的已知条件为$\bar{\mu}=0.1$、$a=1.2$、$10^{-4}\leqslant f\leqslant 2.0$、$10^{-6}\leqslant \xi\leqslant 0.16785$、$\zeta=1.2$；初始条件为$f=1.6$、$\xi=0.02$、$d=0.081$；最优结果为$f=1.338$、$\xi=0.02121$、$d=0.0601$。

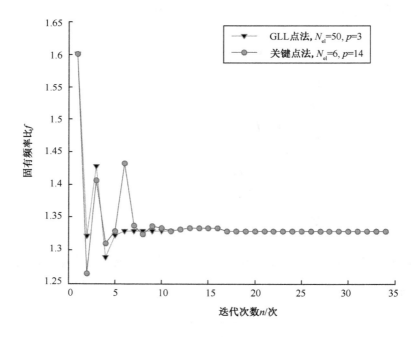

图3.8　固有频率比的迭代（一）

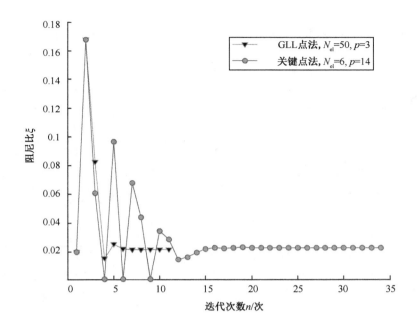

图 3.9 阻尼比的迭代（一）

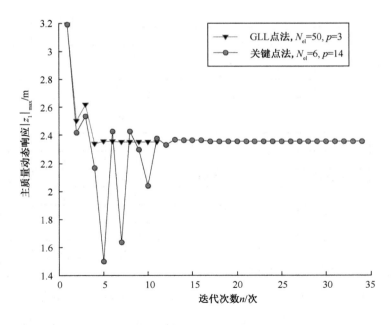

图 3.10 主质量动态响应的迭代（一）

使用 GLL 点法和关键点法的求解结果如表 3.5~表 3.8 所示。

表 3.5 GLL 点法数值试验最优点

插值点数 m		单元数 N_{el}					
		10	20	30	40	50	60
1	f	1.4352	1.5072	1.5013	1.2139	1.2139	1.2139
	ξ	0.1679	1×10^{-6}	0.0544	0.1579	0.1579	0.15787
	$\lvert x_1 \rvert$	0.0280	0.0381	0.2263	0.1639	0.1062	0.095949
2	f	1.5072	1.3304	1.3471	1.3275	1.3371	1.3559
	ξ	1×10^{-6}	1×10^{-6}	0.0022	0.0316	1×10^{-6}	1×10^{-6}
	$\lvert x_1 \rvert$	0.3533	0.0570	0.0558	0.0596	0.059658	0.058294
3	f	1.3194	1.3301	1.3287	1.3288	1.3291	1.3563
	ξ	0.0608	0.0098	0.0243	0.0231	0.021252	1×10^{-6}
	$\lvert x_1 \rvert$	0.0632	0.0618	0.0602	0.0597	0.059749	0.058701
4	f	1.3176	1.3507	1.3560	1.3541	1.3563	1.329
	ξ	0.0653	1×10^{-6}	1×10^{-6}	1×10^{-6}	1×10^{-6}	0.022194
	$\lvert x_1 \rvert$	0.0468	0.0578	0.0586	0.0585	0.058667	0.059738
5	f	1.3611	1.3586	1.3286	1.3288	1.3558	1.356
	ξ	1×10^{-6}	0.0009	0.0247	0.0230	1×10^{-6}	1×10^{-6}
	$\lvert x_1 \rvert$	0.0530	0.0581	0.0597	0.0599	0.05867	0.058709
6	f	1.3244	1.3286	1.3573	1.3555	1.3557	1.3563
	ξ	0.0454	0.0247	1×10^{-6}	1×10^{-6}	1×10^{-6}	1×10^{-6}
	$\lvert x_1 \rvert$	0.0583	0.0596	0.0585	0.0586	0.058686	0.058677

表 3.6 GLL 点法数值试验耗时   单位：s

插值点数 m	单元数 N_{el}					
	10	20	30	40	50	60
1	0.5156	0.5313	0.5938	0.9219	0.8125	1.1094
2	0.5	0.7031	6.5781	2.7813	3.625	12.031
3	0.8594	1.4375	3.125	7.9375	10.344	14.469
4	0.7344	3.25	5.3438	9.3125	16.859	32.656
5	0.7188	5.1719	12.6719	16.3281	37.469	34.922
6	1.4844	6.6406	12.0313	21.3906	34.859	42.734

比较表 3.7 与文献[118]的优化结果可以发现，$N_{el}=14$、$m=6$ 是最好的解。从表 3.9 可知，其耗时为 185.03s。对于 GLL 点法，要求在所有 GLL 点都

满足约束条件，但对小单元数求解不可能找到可行解，只有采用大单元数、小插值点数才可以找到。从表 3.5 可以发现，N_{el}=50、m=3 是最好的解，更接近文献[118]的最优数据，而且其耗时仅仅 10.344s（见表 3.7）。这说明对于线性两自由度减振器设计问题，GLL 点法优于关键点法。

表 3.7 关键点法数值试验最优点

插值点数 m		单元数 N_{el}				
		8	10	12	14	16
1	f	1.2239	1.3304	1.4352	1.3992	2.6235
	ξ	0.1656	1×10^{-6}	0.1679	1×10^{-6}	0.7913
	$\|x_1\|$	0.026546	0.044478	0.046129	0.035547	0.396984
2	f	1.2813	1.2270	1.3256	1.3290	1.3801
	ξ	0.1679	0.1679	0.0406	0.0218	0.0088
	$\|x_1\|$	0.068892	0.11877	0.074	0.055093	0.057915
3	f	1.2547	1.3301	1.3625	1.3261	1.3289
	ξ	0.1400	0.0095	0.0511	0.0384	0.0389
	$\|x_1\|$	0.062794	0.053914	0.055184	0.055062	0.055123
4	f	1.3770	1.3283	1.3287	1.3274	1.3287
	ξ	1×10^{-6}	0.0266	0.0239	0.0319	0.0240
	$\|x_1\|$	0.059766	0.055817	0.056708	0.055674	0.056627
5	f	1.3708	1.3567	1.3560	1.3289	1.3288
	ξ	1×10^{-6}	1×10^{-6}	1×10^{-6}	0.0229	0.0229
	$\|x_1\|$	0.059492	0.058618	0.058715	0.059883	0.059881
6	f	1.3288	1.3289	1.3289	1.3289	1.3289
	ξ	0.0233	0.0229	0.0229	0.0229	0.0229
	$\|x_1\|$	0.059827	0.059878	0.059883	0.059883	0.059883

表 3.8 关键点法数值试验耗时

单位：s

插值点数 m	单元数 N_{el}				
	8	10	12	14	16
1	31.95	7.20	5.36	32.05	5.42
2	70.44	8.41	38.16	63.95	55.58
3	103.17	56.23	114.58	117.45	87.10
4	25.27	108.36	135.66	166.70	109.50
5	157.14	180.91	159.78	202.27	114.60
6	84.08	115.17	165.92	185.03	230.50

其实，从耗时来分析，还可以给 SQP 算法提供解析梯度函数或简单的数值梯度函数，这样函数的评估次数能明显减少[119]。SQP 算法采用差分法计算梯度，每次迭代需要多次进行仿真函数评估（评估次数等于设计变量维数的两倍乘以实例数，然后再加1），优化求解很费时[120]。对于基于谱元法的动态响应优化，每评估一次函数值，就要运用谱元法更新一次。很明显单元数和插值点数越多，函数评估次数越多，耗时越多；减少函数评估次数，耗时自然就能下降。对于本书研究的线性两自由度减振器，我们从表 3.5 中分别取 $m=3$、$N_{el}=50$ 和 $m=3$、$N_{el}=60$，以优化初始值研究其 GLL 点是否在最值点，结果如图 3.11 和图 3.12 所示。从图 3.11 和图 3.12 可知，距离最值点越近，收敛精度越高；距离最值点越远，收敛精度越低。表 3.9 将参考文献中的数据和本书得到的数据比较，从中可以看出本书方法的正确性和可行性。

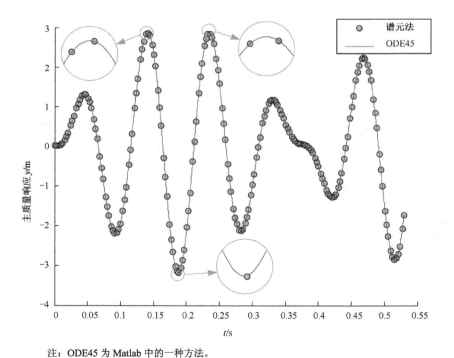

注：ODE45 为 Matlab 中的一种方法。

图 3.11　研究 GLL 点是否在最值点（单元数为 50，插值点数为 3）

第 3 章 基于时间谱元法的动态响应优化方法

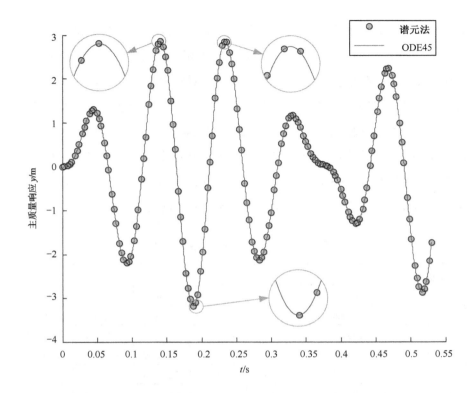

图 3.12 研究 GLL 点是否在最值点（单元数为 60，插值点数为 3）

表 3.9 参考文献数据与本书得到的数据比较

参　　数	本书数据	文献优化结果数据				
		文献[118]	文献[121]	文献[122]	文献[123]	文献[113]
固有频率比 f	1.3289	1.338	1.3277	1.3277	1.3312	1.3597
阻尼系数比 ξ	0.0229	0.02121	0.03054	0.03058	0.02758	0.0184
最大位移响应 $|x_1|$	0.059883	0.060122	0.059858	0.059847	0.059842	0.060335

从表 3.10～表 3.13 可以看出，GLL 点法在速度方面有极大的优势，然而在准确度方面呈现阶梯状。在表 3.10 中，右下方参数都找到了准确的最优点，而左上方参数对应的阻尼比都非常小，这在设计上是不合理的。在 GLL 点法试验结果中，单元数为 100、200、300、400，插值点数为 3；单元数为 100、200，插值点数为 6；还有单元数为 100，插值点数为 10 的试

验结果都不合理，其余的结果则都合理，如表 3.11 所示。在关键点法试验结果中，所有的结果都是合理的，如表 3.12 所示。在耗时方面，对 GLL 点法来说，找到最优点的最少耗时为 21.359375s，对应的单元数 300，插值点数为 6；最长耗时为 370.375000 s，对应的单元数为 600，插值点数为 10，如表 3.11 所示。对关键点法来说，耗时最少为 256.32812s，对应的单元数为 100，插值点数为 6；最长耗时为 2171.03125s，对应的单元数为 800，插值点数为 6，如表 3.13 所示。从图 3.13～图 3.15 来看，GLL 点法优于关键点法，它能迅速稳定地找到最优点。但是从准确性来看，关键点法优于 GLL 点法。

表 3.10 GLL 点法数值试验最优点

插值点数 m		单元数 N_{el}					
		100	200	300	400	600	800
3	f	1.356068	1.356083	1.356037	1.356046	1.328857	1.328857
	ξ	0.000001	0.000001	0.000001	0.000001	0.022917	0.022918
	$\|x_1\|$	0.058681	0.058711	0.058712	0.058709	0.059881	0.059881
6	f	1.355815	1.356080	1.328860	1.328858	1.328858	1.328857
	ξ	0.000001	0.000001	0.022894	0.022911	0.022908	0.022912
	$\|x_1\|$	0.058702	0.058712	0.059880	0.059882	0.059882	0.059882
10	f	1.356054	1.328860	1.328858	1.328857	1.328857	1.328507
	ξ	0.000001	0.022893	0.022906	0.022914	0.022912	0.025423
	$\|x_1\|$	0.058713	0.059880	0.059881	0.059882	0.059882	0.060091

表 3.11 GLL 点法 CPU 耗时和迭代次数

插值点数 m		单元数 N_{el}					
		100	200	300	400	600	800
3	t	5.765625	4.125000	5.109375	6.171875	31.750000	54.265625
	n	9	12	10	10	38	52
6	t	4.578125	68.937500	21.359375	49.890625	24.125000	36.796875
	n	11	101	19	38	11	12
10	t	8.437500	29.828125	22.718750	33.437500	370.375000	610.937500
	n	11	22	11	12	106	124

注：CPU 耗时的单位为 s。

第 3 章 基于时间谱元法的动态响应优化方法

表 3.12 关键点法数值试验最优点

插值点数 m		单元数 N_{el}					
		100	200	300	400	600	800
3	f	1.328858	1.328857	1.328857	1.328857	1.328857	1.328857
	ξ	0.022909	0.022912	0.022912	0.022912	0.022912	0.022912
	$\|x_1\|$	0.059884	0.059882	0.059882	0.059882	0.059882	0.059882
6	f	1.328857	1.328857	1.328857	1.328857	1.328857	1.328857
	ξ	0.022912	0.022912	0.022912	0.022912	0.022912	0.022912
	$\|x_1\|$	0.059882	0.059882	0.059882	0.059882	0.059882	0.059882
10	f	1.328857	1.328857	1.328857	1.328857	1.328857	1.328857
	ξ	0.022912	0.022912	0.022912	0.022912	0.022912	0.022912
	$\|x_1\|$	0.059882	0.059882	0.059882	0.059882	0.059882	0.059882

表 3.13 关键点法 CPU 耗时和迭代次数

插值点数 m		单元数 N_{el}					
		100	200	300	400	600	800
3	t	349.90625	558.20312	807.078125	1263.6562	1000.71875	1163.71875
	n	32	37	35	37	25	24
6	t	256.32812	444.17187	591.406250	754.43750	1140.82812	2171.03125
	n	26	30	28	28	27	31
10	t	404.4062	567.3750	656.68750	782.125000	1199.00000	2061.46875
	n	37	31	26	26	27	27

注：CPU 耗时单位为 s。

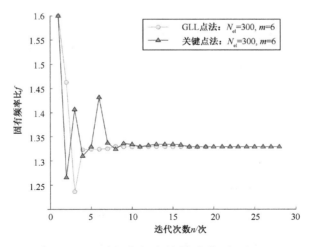

图 3.13 固有频率比的迭代（二）

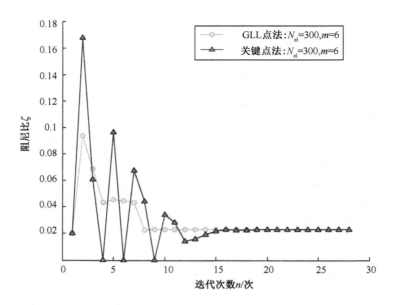

图 3.14 阻尼比的迭代（二）

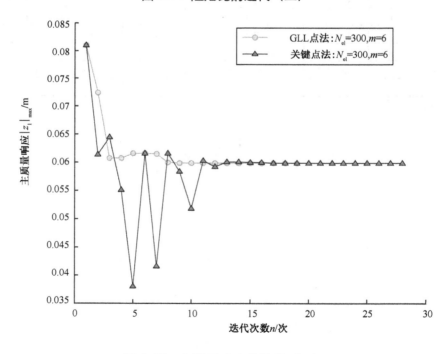

图 3.15 主质量响应的迭代（二）

3.5 汽车悬架系统动态响应优化设计

汽车系统可近似简化为如图3.16所示的五自由度的动力学模型。在图3.16中，m_1是驾驶员及其座位的质量，它由刚度系数为k_1的弹簧和阻尼系数为c_1的阻尼器支撑在车体上；汽车车体的质量、前后车轴和车轮的质量分别为m_2、m_4和m_5；汽车车体由连于前后车轴的刚度系数为k_2、k_3的弹簧及阻尼系数为c_2、c_3的阻尼器支撑；k_4、k_5和c_4、c_5分别表示轮胎的刚度系数和阻尼系数；车体对其质量中心的转动惯量用I表示；L表示前后轮距；$f_1(t)$和$f_2(t)$表示由于道路表面起伏不平所激起的汽车前后轮的位移函数；$y_i(t)$是五自由度的广义坐标。

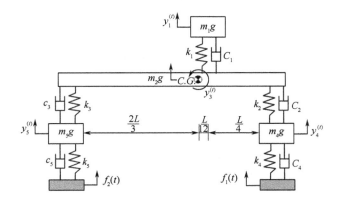

图3.16 简化的汽车主自由度动力学模型

本优化问题仅取模型中与悬架系统有关的弹簧刚度系数k_i和阻尼系数$c_i(i=1,2,3)$作为设计变量，以驾驶员和乘客座位的瞬变动态响应最小为目标，以系统状态方程和振幅为约束，具体如下。

1. 选择设计变量

本优化问题仅取模型中与悬架系统有关的弹簧刚度系数 k_i 和阻尼系数 c_i （i=1,2,3）作为设计变量，即 $X=(k_1,k_2,k_3,c_1,c_2,c_3)^{\mathrm{T}}$。

2. 建立目标函数

以驾驶员和乘客座位的瞬变动态响应最小为目标对其机械系统的结构进行动态响应优化设计，即在对汽车悬挂系统的结构设计时，要求汽车在各种车速和路面条件下，驾驶员和乘客座位的最大加速度响应最小，可表示为

$$f(X,t)=\min[\max|\ddot{y}_1(t)|]$$

3. 满足给定的约束条件

1）满足系统状态方程的约束

由 Lagrange 法建立系统运动的微分方程，再变换为系统的状态方程，如式（3.11）所示。

$$M\ddot{y}+C\dot{y}+Ky=bF(t) \qquad (3.11)$$

式中，

$$M=\begin{bmatrix} m_1 & 0 & 0 & 0 & 0 \\ 0 & m_2 & 0 & 0 & 0 \\ 0 & 0 & I & 0 & 0 \\ 0 & 0 & 0 & m_4 & 0 \\ 0 & 0 & 0 & 0 & m_5 \end{bmatrix},$$

$$b=\begin{bmatrix} 0 & 0 & 0 & 0 & 0 \\ 0 & 0 & 0 & 0 & 0 \\ 0 & 0 & 0 & 0 & 0 \\ 0 & k_4 & c_4 & 0 & 0 \\ 0 & 0 & 0 & k_5 & c_5 \end{bmatrix},$$

$$\boldsymbol{k} = \begin{bmatrix} k_1 & -k_1 & -\dfrac{Lk_1}{12} & 0 & 0 \\ -k_1 & k_1+k_2+k_3 & \dfrac{L}{3}\left(\dfrac{1}{4}k_1+k_2-2k_3\right) & -k_2 & -k_3 \\ -\dfrac{Lk_1}{12} & \dfrac{L}{3}\left(\dfrac{1}{4}k_1+k_2-2k_3\right) & \dfrac{L2}{9}\left(\dfrac{1}{16}k_1+k_2+4k_3\right) & -\dfrac{Lk_2}{3} & \dfrac{2Lk_3}{3} \\ 0 & -k_2 & -\dfrac{Lk_3}{3} & k_2+k_4 & 0 \\ c_1 & -k_3 & \dfrac{Lk_3}{3} & 0 & k_3+k_4 \end{bmatrix},$$

$$\boldsymbol{C} = \begin{bmatrix} c_1 & -c_1 & -\dfrac{Lc_1}{12} & 0 & 0 \\ -c_1 & c_1+c_2+c_3 & \dfrac{L}{3}\left(\dfrac{1}{4}c_1+c_2-2c_3\right) & -c_2 & -c_3 \\ -\dfrac{Lc_1}{12} & \dfrac{L}{3}\left(\dfrac{1}{4}c_1+c_2-2c_3\right) & \dfrac{L2}{9}\left(\dfrac{1}{16}c_1+c_2+4c_3\right) & -\dfrac{Lc_2}{3} & \dfrac{2Lc_3}{3} \\ 0 & -c_2 & -\dfrac{Lc_3}{3} & c_2+c_4 & 0 \\ c_1 & -c_3 & \dfrac{2Lc_3}{3} & 0 & c_3+c_4 \end{bmatrix},$$

$$\boldsymbol{F}(t) = \begin{bmatrix} 0 & f_1(t) & \dot{f}_1(t) & f_2(t) & \dot{f}_2(t) \end{bmatrix}^\mathrm{T}, \quad \boldsymbol{y} = \begin{bmatrix} y_1 & y_2 & y_3 & y_4 & y_5 \end{bmatrix}^\mathrm{T},$$

$$\dot{\boldsymbol{y}} = \begin{bmatrix} \dot{y}_1 & \dot{y}_2 & \dot{y}_3 & \dot{y}_4 & \dot{y}_5 \end{bmatrix}^\mathrm{T}, \quad \ddot{\boldsymbol{y}} = \begin{bmatrix} \ddot{y}_1 & \ddot{y}_2 & \ddot{y}_3 & \ddot{y}_4 & \ddot{y}_5 \end{bmatrix}^\mathrm{T}。$$

式（3.11）可化简为

$$\ddot{\boldsymbol{y}} + \boldsymbol{C}\dot{\boldsymbol{y}} + \boldsymbol{K}\boldsymbol{y} = \boldsymbol{b}\boldsymbol{F}(t) \tag{3.12}$$

式中，

$$\boldsymbol{b} = \begin{bmatrix} 0 & 0 & 0 & 0 & 0 \\ 0 & 0 & 0 & 0 & 0 \\ 0 & 0 & 0 & 0 & 0 \\ 0 & \dfrac{k_4}{m_4} & \dfrac{c_4}{m_4} & 0 & 0 \\ 0 & 0 & 0 & \dfrac{k_5}{m_5} & \dfrac{c_5}{m_5} \end{bmatrix},$$

$$\boldsymbol{K} = \begin{bmatrix} \dfrac{k_1}{m_1} & \dfrac{-k_1}{m_1} & -\dfrac{Lk_1}{12m_1} & 0 & 0 \\ \dfrac{-k_1}{m_2} & \dfrac{k_1+k_2+k_3}{m_2} & \dfrac{L}{3m_2}\left(\dfrac{1}{4}k_1+k_2-2k_3\right) & \dfrac{-k_2}{m_2} & \dfrac{-k_3}{m_2} \\ -\dfrac{Lk_1}{12m_3} & \dfrac{L}{3m_3}\left(\dfrac{1}{4}k_1+k_2-2k_3\right) & \dfrac{L2}{9m_3}\left(\dfrac{1}{16}k_1+k_2+4k_3\right) & -\dfrac{Lk_2}{3m_3} & \dfrac{2Lk_3}{3m_3} \\ 0 & \dfrac{-k_2}{m_3} & -\dfrac{Lk_3}{3m_3} & \dfrac{k_2+k_4}{m_3} & 0 \\ c_1 & \dfrac{-k_3}{m_3} & \dfrac{Lk_3}{3m_3} & 0 & \dfrac{k_3+k_4}{m_3} \end{bmatrix},$$

$$\boldsymbol{C} = \begin{bmatrix} \dfrac{c_1}{m_1} & \dfrac{-c_1}{m_1} & -\dfrac{Lc_1}{12m_1} & 0 & 0 \\ \dfrac{-c_1}{m_2} & \dfrac{c_1+c_2+c_3}{m_2} & \dfrac{L}{3m_2}\left(\dfrac{1}{4}c_1+c_2-2c_3\right) & \dfrac{-c_2}{m_2} & \dfrac{-c_3}{m_2} \\ -\dfrac{Lc_1}{12m_3} & \dfrac{L}{3m_3}\left(\dfrac{1}{4}c_1+c_2-2c_3\right) & \dfrac{L2}{9m_3}\left(\dfrac{1}{16}c_1+c_2+4c_3\right) & -\dfrac{Lc_2}{3m_3} & \dfrac{2Lc_3}{3m_3} \\ 0 & \dfrac{-c_2}{m_4} & -\dfrac{Lc_2}{3m_4} & \dfrac{c_2+c_4}{m_4} & 0 \\ 0 & \dfrac{-c_3}{m_5} & \dfrac{2Lc_3}{3m_5} & 0 & \dfrac{c_3+c_4}{m_5} \end{bmatrix},$$

令 $x = y$、$z = \dot{y}$、那么式（3.12）可化为一阶微分方程组：

$$\begin{cases} \dot{x} - z = 0 \\ \dot{z} + C_z + Kx = bF(t) \end{cases} \tag{3.13}$$

写成矩阵形式为

$$\begin{bmatrix} \dot{x} \\ \dot{z} \end{bmatrix} + \begin{bmatrix} 0 & -I_{5\times 5} \\ K & C \end{bmatrix} \begin{bmatrix} x \\ z \end{bmatrix} = \begin{bmatrix} 0 \\ bF(t) \end{bmatrix} \tag{3.14}$$

2) 满足函数形式约束

为了提高驾驶员（乘客）座位舒适性，要求其最大绝对加速度最小，即

$$|\ddot{y}_1(t)| \leq d \tag{3.15}$$

式中，d 是人工变量。同时，要求将其振幅限制在一定的范围内，即车体与驾驶员座位间的相对位移约束为

$$\left| y_2(t) + \frac{L}{12} y_3(t) - y_1(t) \right| \leq \theta_1 \tag{3.16}$$

车体与前轮之间的相对位移约束为

$$\left| y_4(t) - y_2(t) - \frac{L}{3} y_3(t) \right| \leq \theta_2 \tag{3.17}$$

车体与后轮之间的相对位移约束为

$$\left| y_5(t) - y_2(t) - \frac{2L}{3} y_3(t) \right| \leq \theta_3 \tag{3.18}$$

路面与前轮之间的相对位移约束为

$$|y_4(t) - f_1(t)| \leq \theta_4 \tag{3.19}$$

路面与后轮之间的相对位移约束为

$$|y_5(t) - f_2(t)| \leq \theta_5 \qquad (3.20)$$

式中，$\theta_1 \sim \theta_5$ 为最大允许相对位移。

3) 满足设计变量变化范围的约束

$$\boldsymbol{X} = \left[k_1, k_2, k_3, c_1, c_2, c_3, d \right]^T$$

4. 建立动态响应优化数学模型

$$\begin{cases} \overline{\varphi}_0 = d \\ |\ddot{y}_1(t)| \leq d \\ \begin{bmatrix} \dot{x} \\ \dot{z} \end{bmatrix} + \begin{bmatrix} 0 & -\boldsymbol{I}_{5 \times 5} \\ \boldsymbol{K} & \boldsymbol{C} \end{bmatrix} \begin{bmatrix} x \\ z \end{bmatrix} = \begin{bmatrix} 0 \\ \boldsymbol{b}\boldsymbol{F}(t) \end{bmatrix} \\ \left| y_2(t) + \dfrac{L}{12} y_3(t) - y_1(t) \right| \leq \theta_1 \\ \left| y_4(t) - y_2(t) - \dfrac{L}{3} y_3(t) \right| \leq \theta_2 \\ \left| y_5(t) - y_2(t) - \dfrac{2L}{3} y_3(t) \right| \leq \theta_3 \\ |y_4(t) - f_1(t)| \leq \theta_4, \ |y_5(t) - f_2(t)| \leq \theta_5 \\ x_{\min} \leq x \leq x_{\max}, z_{\min} \leq z \leq z_{\max}, \ d \geq 0 \end{cases} \qquad (3.21)$$

3.5.1 路况一

汽车速度 $v = 11.43 \text{m/s}$。路面激励频率为 $\omega_i = \dfrac{\pi v}{L_i}$、$L_1 = 9.144 \text{m}$、$L_2 = 3.6576 \text{m}$，后轮到达前轮未知的时间间隔为 $t_\sigma = 0.2667 \text{s}$，其中路面起伏不平激起前后轮的垂直位移函数为 $f_1(t)$、$f_2(t)$，它们的值为

第 3 章 基于时间谱元法的动态响应优化方法

$$f_1(t) = \begin{cases} y_0\left[1-\cos\omega_i(t-t^{i-1})\right], t^{i-1} \leqslant t \leqslant t^i, i=1,3,\cdots,2n-1, 0 \leqslant t \leqslant t_1 \\ y_0\left[1+\cos\omega_i(t-t^{i-1})\right], t^{i-1} \leqslant t \leqslant t^i, i=1,3,\cdots,2n, 0 \leqslant t \leqslant t_1 \end{cases} \quad (3.22)$$

$$f_2(t) = f_1(t-t_\sigma), t_\sigma \leqslant t \leqslant t_1 + t_\sigma \quad (3.23)$$

式中，$\omega_1 = 1.25\pi \text{ rad/s}$，$\omega_2 = 3.125\pi \text{ rad/s}$。

路况一的路面轮廓如图 3.17 所示。

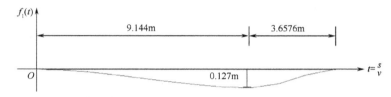

图 3.17 路况一的路面轮廓

将第一种路况函数 $f_1(t)$ 和 $f_2(t)$，即式（3.22）和式（3.23），代入式（3.21）应用谱元法求解。本章对线性单自由度和两自由度系统进行优化时，得出在处理与时间约束有关的多自由度动态问题时，GLL 点法在耗时方面有优势，关键点法在准确性方面有优势。因此这里也分别采用 GLL 点法和关键点法，结果如图 3.18～图 3.20、表 3.14～表 3.18 所示。

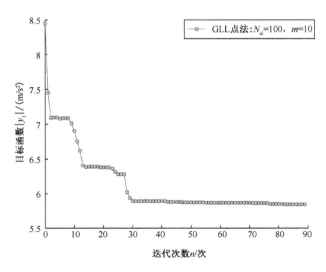

图 3.18 采用 GLL 点法进行目标函数迭代（路况一）

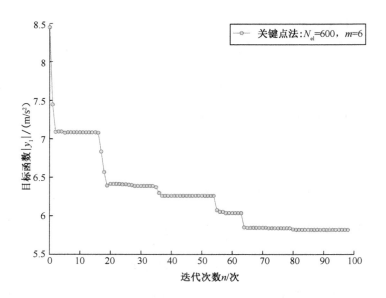

图 3.19 采用关键点法进行目标函数迭代（路况一）

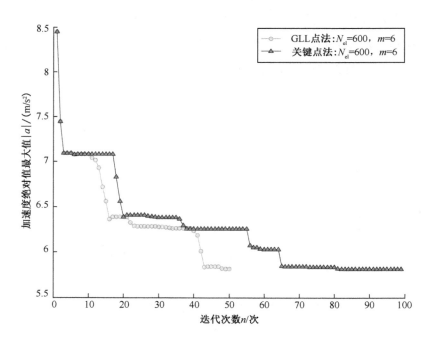

图 3.20 两种方法下目标函数迭代过程比较（路况一）

表 3.14　GLL 点法数值试验最优点（路况一）

插值点数 m		单元数 N_{el}								
		10	20	60	100	200	300	400	600	800
3	k_1	8756.3	8756.3	8756.3	11512.577	11313.764	11368.397	10621.090976	11352.775167	11304.571321
	k_2	35025.2	35025.2	35025.2	35025.2	35025.2	35025.2	35025.200000	35025.200000	35025.200000
	k_3	56096.965	52896.294	54380.17	54236.69	54012.453	53880.53	54296.810450	54092.351775	54015.669859
	c_1	5874.6508	5335.082	7439.2012	5311.5278	8313.5847	8672.8911	8749.225365	8355.953880	8594.349953
	c_2	8698.1375	8683.9768	8744.6034	8732.3245	8751.1485	8751.0193	8758.980864	8753.773509	8753.261642
	c_3	875.63	875.63	875.63	875.63	875.63	875.63	875.630000	875.630000	875.630000
	d	5.635387	5.679881	5.820114	5.861439	5.842738	5.842372	5.836000	5.843105	5.842101
6	k_1	16829.493	8756.3	11375.591	11147.023	11313.574	11190.163	11319.587419	8756.314798	10852.478996
	k_2	52441.299	35025.2	35025.2	35025.2	35025.2	35025.2	35025.200000	35025.200000	35025.200000
	k_3	52444.881	52325.981	54058.037	53953.222	53887.454	54057.191	54167.781032	54303.524191	54105.030017
	c_1	8369.2674	8756.3	8595.8982	8460.695	8690.769	8739.3201	8756.300000	8724.263448	8756.300000
	c_2	6921.9346	8711.5346	8752.9325	8750.414	8751.0811	8754.734	8757.287613	8756.446953	8755.382237
	c_3	3742.2472	875.63	875.63	875.63	875.63	875.63	875.630000	875.630000	875.630000
	d	6.391697	5.783691	5.840103	5.840892	5.841976	5.840749	5.841821	5.820047	5.837981
10	k_1	10463.497	10988.386	11465.389	11354.467	10781.71	11333.207	11420.985152	16119.914150	11346.898801
	k_2	35025.2	35025.2	35025.2	35025.2	35025.2	35025.2	35025.200000	50497.415772	35025.200000
	k_3	53007.71	54250.642	54200.764	53769.299	54068.151	54080.893	53796.788090	52197.682887	53926.860607
	c_1	6989.117	7134.3363	5752.0915	8756.2999	8756.2999	8682.4604	8756.300000	8756.300000	8756.300000
	c_2	8717.1598	8730.6553	8738.76	8748.2939	8754.5056	8755.1213	8749.721132	8822.499714	8752.349274
	c_3	875.63	875.63	875.63	875.63	875.63	875.63	875.630000	875.630000	875.630000
	d	5.784874	5.826069	5.858013	5.842045	5.837389	5.842109	5.842758	6.285569	5.842124

注：表中 k_i（i=1,2,3）的单位为 N/m；c_i（i=1,2,3）的单位为 N/(m/s)；d 的单位为 m/s^2，下同。

表 3.15　GLL 点法数值试验 CPU 耗时与迭代次数（路况一）

插值点数 m		单元数 N_{el}								
		10	20	60	100	200	300	400	600	800
3	t	21.3125	32.9375	55.34375	45.5625	111.39063	105.03125	235.062500	286.750000	305.218750
	n	100	134	94	48	63	46	77	68	56
6	t	7.875	33.59375	59.859375	158.04688	253.07813	226.28125	462.109375	569.921875	1251.312500
	n	30	73	50	81	72	48	64	50	70
10	t	30.03125	58.65625	155.89063	374.625	737.8125	692.375	1217.343750	1217.421875	2657.671875
	n	64	69	60	90	96	55	71	46	72

表 3.16 关键点法数值试验最优点（路况一）

插值点数 m		单元数 N_{el}								
		10	20	60	100	200	300	400	600	800
3	k_1	8756.3000	8756.3000	8756.3000	8756.3000	8756.3000	8756.3000	8756.300000	8756.300000	8756.300000
	k_2	35025.200	35025.200	35025.200	35025.200	35025.200	35025.200	35025.200000	35025.200000	35025.200000
	k_3	50346.570	35025.200	35025.200	50358.411	52366.735	52807.800	52798.648129	53765.972970	54195.095496
	c_1	8756.300	1676.1812	3645.4055	8682.0458	8266.9709	8173.8100	6342.630820	8134.424942	7127.824714
	c_2	13133.195	8216.2125	7735.2723	8613.9762	8680.5405	8712.3996	8702.972389	8740.327862	8743.330250
	c_3	875.63000	9454.7825	1257.1622	875.63000	875.63000	875.63000	875.630000	875.630000	875.630000
	d	1.963638	3.910859	5.478822	5.698961	5.787683	5.805585	5.807309	5.815653	5.814718
6	k_1	8756.3000	26698.367	8756.3000	8756.3000	8756.3000	8756.3000	8756.300000	8756.300000	8756.300000
	k_2	35025.200	35025.200	35025.200	35025.200	35025.200	35025.200	35025.200000	35025.200000	35025.200000
	k_3	35025.200	35025.200	39705.641	35025.200	52388.835	52907.790	52879.662203	53689.828180	54186.287798
	c_1	8756.3000	1000.4292	8756.3000	3943.0067	8268.6120	8174.8995	8145.481357	8133.434345	8132.720909
	c_2	14010.080	7602.9390	8093.1504	8081.0408	8681.0326	8714.5676	8717.845383	8738.745807	8750.008370
	c_3	4202.5142	9525.4147	875.63000	997.60482	875.63000	875.63000	875.630000	875.630000	875.630000
	d	1.925773	4.018860	5.593787	5.669711	5.787600	5.805577	5.811567	5.815670	5.817054
10	k_1	8756.3000	28163.175	8756.3000	8756.3000	8756.3000	8756.3000	8756.300000	8756.300000	8756.300000
	k_2	35025.200	35025.200	35025.200	35025.200	35025.200	35025.200	35025.200000	35025.200000	35025.200000
	k_3	35025.200	35025.200	35025.200	50571.908	52409.528	53301.292	52827.155084	64340.450777	54218.661737
	c_1	8756.3000	930.22129	3631.4489	8675.3064	8268.8297	8179.3519	8144.903038	8401.268680	8133.165384
	c_2	14010.080	7394.7033	7744.7271	8619.1501	8681.4695	8723.0446	8716.731020	8928.444706	8750.678298
	c_3	4281.7080	6917.9697	1242.5194	875.63000	875.63000	875.63000	875.630000	875.630000	875.630000
	d	1.956334	4.006835	5.484301	5.698983	5.787598	5.805534	5.811576	5.811778	5.817046

表 3.17 关键点法数值试验 CPU 耗时与迭代次数（路况一）

插值点数 m		单元数 N_{el}								
		10	20	60	100	200	300	400	600	800
3	t	275.890	547.625	3702.125	1553.796	3181.859	6046.281	5639.187500	12152.203125	10085.734375
	n	104	142	404	110	121	161	116	166	108
6	t	463.031	959.312	4899.640	1687.250	4034.890	6417.500	9405.093750	7978.203125	10823.031250
	n	195	233	500	111	139	154	171	99	98
10	t	475.406	789.125	2184.203	1512.609	3494.187	4649.609	11047.390625	49741.078125	39162.531250
	n	167	143	186	82	101	92	168	500	293

表 3.18　本书结果与文献结果比较

参　数	本书结果			文献[65]结果	
	初始值	最优值		初始值	最优值
		GLL 点法	关键点法		
k_1	17512.6	11375.60	8756.30	17512.6	8756.30
k_2	52537.8	35025.20	35025.20	52537.8	35025.25
k_3	52537.8	54058.03	52879.66	52537.8	42362.98
c_1	1751.26	8595.90	8145.48	1751.26	2257.37
c_2	4378.15	8752.93	8717.84	4378.15	13575.77
c_3	4378.15	875.63	875.63	4378.15	14010.08
d（目标函数）	8.448	5.840	5.811567	8.448	6.538

从表 3.14 可以看出，当单元数 N_{el}=10、插值点数 m=3 时，得到了较好的结果，其迭代 70 次耗时仅为 89s；当单元数 N_{el}=20、插值点数 m=6 时，迭代 200 次耗时 501s，得到的目标值为 5.765m/s^2，因此，并不是单元数和插值点数越多越好。

从表 3.16 和表 3.17 可以看出，除了单元数为 10、20，插值点数为 3、6、10 的情况，其他情况都获得了满意的结果，但耗时都非常多，最多的是 49741.078125s，即 13.8170h；而单元数为 600、插值点数 10 时的迭代次数为 500。因此关键点法在准确性方面有优势，但是耗时特别多，如果用来求解更复杂的系统，耗时会急剧增加，甚至无法容忍。

3.5.2　路况二

路况二的路面轮廓如图 3.21 所示。汽车速度 v=24.384m/s、$t_\sigma = 0.125\,\text{s}$、$\omega_i = 2\pi\,\text{rad/s}$ 和 $16\pi\,\text{rad/s}$ $(i=1,2,3,4)$，适合于两种路面。

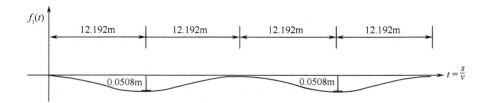

图 3.21　路况二的路面轮廓

将路况二的路况函数 $f_1(t)$ 和 $f_2(t)$ 代入式（3.3），应用谱元法求解。结果如表 3.19～表 3.23，图 3.22～图 3.24 所示。

表 3.19　GLL 点法数值试验最优点（路况二 $\omega_i = 2\pi$ rad/s）

插值点数 m		单元数 N_{el}							
		10	20	60	100	200	300	400	600	800
3	k_1	8756.3	8756.3	8756.3	8756.3	8756.3	8756.3	8756.300000	8756.300000	8756.300000
	k_2	35025.2	35025.2	35025.2	35025.2	35025.2	35025.2	35025.200000	35025.200000	35025.200000
	k_3	35025.2	35025.2	35025.2	35025.2	35025.2	35025.2	35025.200000	35025.200000	35025.200000
	c_1	8756.3	8756.3	8756.3	8756.3	8756.3	8756.3	8756.300000	8756.300000	8756.300000
	c_2	14010.08	14010.08	14010.08	14010.08	14010.08	14010.08	14010.080000	14010.080000	14010.080000
	c_3	12025.239	14010.08	12405.143	11886.817	12365.499	12006.002	12214.538067	12137.601981	12106.941020
	d	2.415343	2.389652	2.404458	2.404392	2.404489	2.404502	2.404555	2.404549	2.404546
6	k_1	8756.3	8756.3	8756.3	8756.3	8756.3	8756.3	8756.300000	8756.300000	8756.300000
	k_2	35025.2	35025.2	35025.2	35025.2	35025.2	35025.2	35025.200000	35025.200000	35025.200000
	k_3	35025.2	35025.2	35025.2	35025.2	35025.2	35025.2	35025.200000	35025.200000	35025.200000
	c_1	8756.3	8756.3	8756.3	8756.3	8756.3	8756.3	8756.300000	8756.300000	8756.300000
	c_2	14010.08	14010.08	14010.08	14010.08	14010.08	14010.08	14010.080000	14010.080000	14010.08000
	c_3	10706.198	11168.851	12469.341	11938.339	12161.315	12264.579	12205.037649	12214.828887	12191.425283
	d	2.399473	2.402319	2.404396	2.404432	2.404494	2.404543	2.404557	2.404555	2.404558
10	k_1	8756.3	8756.3	8756.3	8756.3	8756.3	8756.3	8756.300000	8756.300000	8756.300000
	k_2	35025.2	35025.2	35025.2	35025.2	35025.2	35025.2	35025.200000	35025.200000	35025.200000
	k_3	35025.2	35025.2	35025.2	35025.2	35025.2	35025.2	35025.200000	35025.200000	35025.200000
	c_1	8756.3	8756.3	8756.3	8756.3	8756.3	8756.3	8756.300000	8756.300000	8756.300000
	c_2	14010.08	14010.08	14010.08	14010.08	14010.08	14010.08	14010.080000	14010.080000	14010.080000
	c_3	12239.535	11353.901	11964.014	12087.739	12231.532	12160.188	12162.990727	12194.592986	12191.426661
	d	2.40455	2.402336	2.40447	2.404544	2.404552	2.404547	2.404558	2.404557	2.404558

表 3.20 GLL 点法数值试验 CPU 耗时和迭代次数（路况二 $\omega_i = 2\pi \text{ rad/s}$）

插值点数 m		单元数 N_{el}								
		10	20	60	100	200	300	400	600	800
3	t	19.921875	14.14062	54.265625	58.046875	193.60938	286.60938	214.687500	509.296875	415.531250
	n	95	60	95	67	115	125	75	130	82
6	t	25.625	44.53125	108.70313	153.71875	268.53125	631.10938	634.421875	880.828125	1571.234375
	n	97	102	95	85	77	121	84	85	90
10	t	31.046875	66.25	204.0625	342.73438	691.42188	1059.5781	2263.687500	2509.687500	4124.843750
	n	70	81	87	84	91	92	142	101	119

表 3.21 关键点法数值试验最优值（路况二 $\omega_i = 2\pi \text{ rad/s}$）

插值点数 m		单元数 N_{el}								
		10	20	60	100	200	300	400	600	800
3	k_1	8756.300	8756.300	8756.300	8756.300	8756.300	8756.300	8756.300000	8756.300000	8756.300000
	k_2	35025.20	35025.20	35025.20	35025.20	35025.20	35025.20	35025.200000	35025.200000	35025.200000
	k_3	35025.20	35025.20	35025.20	35025.20	35025.20	35025.20	35025.200000	35025.200000	35025.200000
	c_1	6433.267	8464.265	8756.300	8756.300	8756.300	8756.300	8756.300000	8756.300000	8756.300000
	c_2	6968.144	9774.998	12976.43	13828.46	14010.08	14010.08	14010.080000	14010.080000	14010.080000
	c_3	5638.458	7520.940	9844.320	10472.06	11176.12	11706.51	12861.782791	11823.005867	12403.231285
	d	1.513167	2.012354	2.363677	2.388839	2.402354	2.404106	2.403714	2.404107	2.404460
6	k_1	8756.300	8756.300	8756.300	8756.300	8756.300	8756.300	8756.300000	8756.300000	8756.300000
	k_2	35025.20	35025.20	35025.20	35025.20	35025.20	35025.20	35025.200000	35025.200000	35025.200000
	k_3	35025.20	35025.20	35025.20	35025.20	35025.20	35025.20	35025.200000	35025.200000	35025.200000
	c_1	6721.638	8494.505	8756.300	8756.300	8756.300	8756.300	8756.300000	8756.300000	8756.300000
	c_2	6870.165	9765.838	12976.41	13828.46	14010.08	14010.08	14010.080000	14010.080000	14010.080000
	c_3	5483.822	7532.136	9844.383	10472.08	11176.14	11706.48	12861.769793	11823.005350	11985.009577
	d	1.530744	2.012644	2.363686	2.388839	2.402354	2.404106	2.403714	2.404107	2.404487
10	k_1	8756.300	8756.300	8756.300	8756.300	8756.300	8756.300	8756.300000	8756.300000	8756.300000
	k_2	35025.20	35025.20	35025.20	35025.20	35025.20	35025.20	35025.200000	35025.200000	35025.200000
	k_3	35025.20	35025.20	35025.20	35025.20	35025.20	35025.20	35025.200000	35025.200000	35025.200000
	c_1	6721.393	8494.492	8756.300	8756.300	8756.300	8756.300	8756.300000	8756.300000	8756.300000
	c_2	6870.271	9765.837	12976.41	13828.46	14010.08	14010.08	14010.080000	14010.080000	14010.080000
	c_3	5483.937	7532.144	9844.395	10472.07	11176.09	12864.02	12861.847829	11823.005543	11984.975934
	d	1.530754	2.012644	2.363686	2.388839	2.402354	2.403709	2.403714	2.404107	2.404487

表 3.22 关键点法数值试验 CPU 耗时和迭代次数（路况二 $\omega_i = 2\pi$ rad/s）

插值点数		单元数 N_{el}								
m		10	20	60	100	200	300	400	600	800
3	t	356.656	563.468	1452.187	1219.937	3391.265	3411.593	6874.562500	8408.000000	7289.296875
	n	150	145	157	85	126	89	141	116	82
6	t	410.531	462.093	1286.687	1824.187	2954.875	2457.953	4558.109375	5869.468750	8295.234375
	n	171	112	130	117	100	58	86	72	79
10	t	455.328	602.281	1868.968	1626.234	2922.296	2696.046	5946.828125	7520.703125	14872.359375
	n	164	125	157	87	83	53	92	75	117

表 3.23 本书结果与文献结果比较

项目	本书结果			文献[65]结果	
	初始值	最优值		初始值	最优值
		GLL 点法	关键点法		
k_1	17512.6	8756.30	8756.30	17512.6	8756.30
k_2	52537.8	35025.20	35025.20	52537.8	35025.25
k_3	52537.8	35025.20	35025.20	52537.8	35025.25
c_1	1751.26	8756.30	8756.30	1751.26	1563.88
c_2	4378.15	14010.080	14010.08	4378.15	8041.79
c_3	4378.15	12214.82	11823.00	4378.15	6621.51
d（目标函数）	5.044	2.405	2.404	5.044	3.188

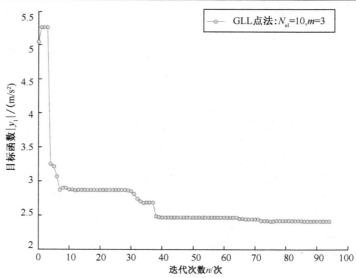

图 3.22 采用 GLL 点法进行目标函数迭代（路况二）

第 3 章 基于时间谱元法的动态响应优化方法

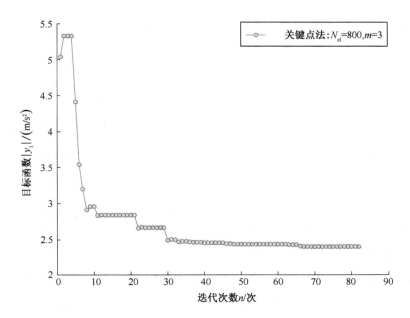

图 3.23 采用关键点法进行目标函数迭代（路况二）

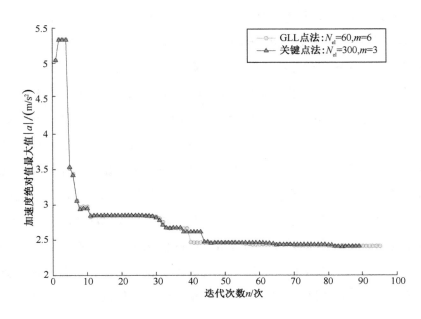

图 3.24 两种方法目标函数迭代过程比较（路况二）

机械系统动态响应优化设计有很好的应用前景[64]。动态响应必须满足依赖于时间的微分方程。为了获得最优解且满足与时间有关的约束，要求获得系统在整个时间上的响应。本章应用谱元法计算系统在整个时间内的响应，将微分方程或方程组转化为代数方程组，然后应用序列二次规划（SQP）优化算法进行优化计算。对于与时间有关的约束处理，采用两种方法，即关键点法和 GLL 点法。通过分析线性单自由度系统设计问题、线性两自由度减振器设计问题和五自由度汽车悬挂系统设计问题，验证基于谱元法的动态响应优化的可行性。处理与时间有关的约束多自由度动态问题时，GLL 点法在时间上有优越性，尽管要求较多的单元数；关键点法虽然采用了很少的单元数，但是在每个单元内要对高次 Lagrange 函数寻找基于时间的最优值，寻优的次数是 2×（状态变量数+状态变量的组合数），那么在整个优化过程中，每迭代一步，对高次 Lagrange 函数寻找基于时间的最优值的次数等于单元数×2（状态变量数+状态变量的组合数）。如单元数是 6，状态变量数是 2，状态变量组合数是 1，那么一次迭代中要寻优 36 次，假如共迭代 10 次，则要寻优 360 次，如此耗时。因此，关键点法在时间上没有优势，但关键点法能找到优化值的概率更大。第 3.5 节对五自由度汽车悬挂系统动态响应优化设计问题采用 GLL 点法和关键点法进行分析计算，说明在多自由度动态响应优化问题中，增加单元数和插值点数可获得更好的效果。但是当单元数和插值点数增加到一定数量时，再增加则对结果没有影响，说明其已达到足够的精度。线性两自由度减振器设计问题代表最简单的多自由度动力学设计问题，五自由度汽车悬挂系统设计问题代表比较复杂的多自由度动力学设计问题，其他对机械系统的动态响应优化设计问题，以及对动态载荷弹性分布参数系统的优化设计，如在固定端承受振动输入的矩形变截面梁的动态响应优化设计、在不同边界条件下承受垂直平面均布瞬态动态载荷作用的弹性梁的动态响应优化设计等，可以参考本章方法进行分析。

3.6 本章小结

本章研究了基于时间谱元法的系统动态响应优化算法，深入分析了系统在时间域内的离散动态响应，将运动微分方程组转化成代数方程组，精确解出其瞬态响应，并用 GLL 点法和关键点法处理时间约束。以线性单自由度系统设计、线性两自由度减振器设计和五自由度汽车悬挂系统设计为例，引入人工设计变量，详细研究两种处理约束方法的优缺点，同时说明了基于时间谱元法的系统动态响应优化的正确性。这些内容可为进一步研究动态响应优化提供参考，如在此基础上进行复杂系统的灵敏度分析，以提高此方法的实用性等。

第 4 章

基于面向所有节点等效静态载荷的模态叠加法的结构动态响应优化方法

几乎所有的结构都是在动态载荷作用下工作的，因而结构的各种性能都是时间的函数。为了提高结构的各种性能，进行动态响应优化是非常必要的。动态响应优化首先要求解结构瞬态动力学问题。瞬态动力学问题的求解十分耗时，并且其优化需要反复求解目标函数和约束函数。另外，对结构直接进行动态响应优化往往不收敛。因此，我们不仅要快速求解瞬态动力学问题，而且还要用其他方法对结构进行动态响应优化。

由于动态响应优化的目标函数和约束函数都是时间与状态变量的函数，因此，对动态响应优化中的设计变量进行灵敏度分析极其"昂贵"[118-120]。在动态响应优化中，几乎不可能直接处理时间相关函数，特别是对于大型动态响应优化问题[121-123]。但结构静态响应优化的发展相对已经成熟。国内外已经有很多关于用结构静态响应优化代替动态响应优化的研究，其中最广泛采用的方法是动态因子法[124]。由于动态因子是通过特定的程序或凭借设计者的经验来确定的，因此,这种方法很难找到合适的动态因子。G. J. Park 研究团队提出了等效静态载荷法[35,115,125-128]，其主要思想是将动态载荷等效转化为一个连续的静态载荷，并将其作为静态多工况作用于结构，从而进行优化。国内学者对等效静态载荷法做了大量研究。针对动态非线性结构

第4章 基于面向所有节点等效静态载荷的模态叠加法的结构动态响应优化方法

结构优化问题，文献[129]提出一种基于梯度的等效静态载荷法。其结合了结构静态线性优化方法和最速下降法，基于节点位移等效，在保证算法收敛性的前提下，提高了收敛速度，在解决设计变量较多、结构非线性较明显的大变形结构的优化问题上具有非常大的优势。文献[130]采用等效静态载荷法等方法对搅拌车副车架建立了简化的搅拌车仿真模型，并对搅拌车副车架进行了性能分析优化设计，在保证计算精度的同时，提高了计算效率，缩短了设计周期。文献[131]采用等效静态载荷法对汽车前端结构的尺寸和形状进行了抗撞性优化设计。其以整个结构质量最小为优化目标函数、以前部结构主要部件的厚度尺寸及节点坐标形貌为设计变量、以侵入量及加强筋的冲压工艺要求为约束进行了碰撞优化设计，并采用等效静态载荷法将非线性瞬态碰撞优化问题转化为多工况线性静态优化问题。文献[132]将约束释放作为边界条件引入基于等效静态载荷法的拓扑优化中，以应变能作为整车刚度的评价指标，引入相对位移作为部件柔度的评价指标，对比研究了在整车正碰工况下分别采用约束释放和单点约束作为碰撞分析模型进行拓扑优化的异同，以及不同优化目标对优化结果的影响。文献[133]基于等效静态载荷法将非线性柔性多体系统动力学分析与线性结构静态优化相结合，在动态载荷下通过对结构部件的优化来处理各构件惯性力的相互耦合。文献[134-136]应用等效静态载荷法分别对机床溜板箱结构、振动筛连杆与清障汽车副车架结构、机床运动部件进行优化，获得了满意的结果。文献[137]基于等效静态载荷法，将非线性柔性多体系统动力学分析与线性结构静态优化相结合，提出了一种动态载荷作用下的部件结构动态优化方法，通过分别采用传统的静态优化方法和动态优化方法对曲轴连杆机构进行优化设计，得出动态优化方法优于静态优化方法的结论。李明等[138]用等效静态载荷法解决了动态响应约束下的区间参数结构可靠性拓扑优化问题，并对等效静态载荷赋予了新的含义。毛虎平研究团队[45,64,65,139,140]将时间谱元法引入动态响应优化，并利用谱元离散插值精度高的特点来识别关键时间点，由此提出了体积应变能等效静态转化方法，而且取得了一定的效果。

综上所述，目前等效静态载荷法中的等效静态转化包括两类：①关键时间点处等效静态转化；②所有时间点处等效静态转化。其中，载荷包括部分节点等效静态载荷和全部节点等效静态载荷。所有时间点处等效静态转化非常耗时，而且部分节点等效静态载荷求解模型具有不确定性。关键时间点识别会导致等效静态载荷上下边界值的不确定性、初始值的任意性；迭代过程中需要多次求解结构静态分析问题，导致嵌套优化，这些问题使关键时间点处等效静态转化的可靠性和效率变差。因此，本章从摆脱嵌套优化、提高可靠性和效率的角度来采用新的思路研究相关问题。

4.1 模态叠加法

对于无阻尼振动结构，有限元方法的运动微分方程为

$$M\ddot{d} + Kd = F \tag{4.1}$$

式中，M 为质量矩阵；K 为刚度矩阵；F 为动态载荷向量；d 为动态位移向量。利用特征向量定义一个坐标变化：

$$d = \Phi z \tag{4.2}$$

式中，$\Phi = \{\phi_1, \phi_2, \cdots, \phi_n\}$ 为模态矩阵，其中，$\phi_i = \{u_{1i}, u_{2i}, \cdots, u_{ni}\}^T$ 为特征向量；z 为模态坐标向量。将式（4.2）代入式（4.1）中得

$$\ddot{z} = \Omega^2 z = Q \tag{4.3}$$

式中，$\Omega^2 = \text{diag}\left[\omega_1^2, \omega_2^2, \cdots, \omega_n^2\right]$ 为固有频率矩阵；$Q = \Phi^T F$ 为模态力矩阵。

式（4.3）为一组解耦的方程组，可写为

第 4 章 基于面向所有节点等效静态载荷的模态叠加法的结构动态响应优化方法

$$\ddot{z}_i + \omega_i^2 z_i = f_i \quad (i=1,2,\cdots,n) \tag{4.4}$$

式中，f_i 为模态力矩阵的第 i 行。

式（4.4）的解可由 Duhamel 积分得到

$$z_i(t) = z_i(t_0)\cos(\omega_i t) + \frac{\dot{z}_i(t_0)}{\omega_i}\sin(\omega_i t) + \frac{1}{\omega_i}\int_0^t \sin(\omega_i(t-\tau))f_i(\tau)\mathrm{d}\tau \tag{4.5}$$

当求出模态坐标下的响应后，即可叠加得到实际坐标系下的响应：

$$d_i(t) = \sum_{j=1}^n \phi_{ij} z_j(t) \quad (i=1,2,\cdots,n) \tag{4.6}$$

4.2 等效静态载荷法

在线性静态分析中，结构静态载荷分析与对应时刻的结构非线性动力学分析产生相同的响应场。从静态载荷作用点角度来分，动态载荷等效静态转化目前有两种方法：一种是在部分节点施加等效静态载荷；另一种是在所有节点施加等效静态载荷。前者载荷大小、载荷作用点等存在随机性，通常经过试算方能确定；后者虽然可以精确求出每一时刻的等效静态载荷，然而对于进一步优化而言，多工况处理是一个棘手问题。等效静态载荷法的原理如下。

如图 4.1 所示，瞬态动力学分析中的计算步为 $n+1$ 步，将每步等效为一个静态工况，并且等效静态载荷作用下的位移场等于对应时刻动态载荷作用下的位移场。基于此原理并结合模态叠加法，可以获得每一时间点对应的等效静态载荷 $f_{e0}, f_{e1}, f_{e2}, \cdots, f_{en}$。然而，当计算步比较大时，等效静态载荷也相应较多，导致优化计算量增加。

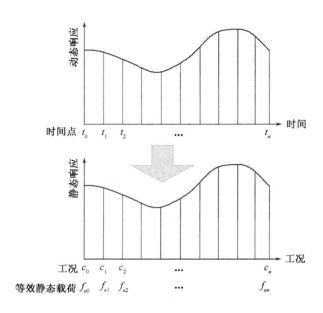

图 4.1 动态载荷等效静态转化

为了覆盖所有的可能，可以增加时间点，但时间点的增加会产生大量计算费用。在所选择的时间点中，当设计参数改变时，在一些时间点不会产生极值响应，那么这部分时间点完全可以剔除。如果我们把每个时间点处的等效静态载荷单独作为一个工况进行优化，这对优化算法来说是极大的挑战，有时结果可能会发散。对于线性系统而言，位移大说明载荷大。我们所关心的位移往往是系统在某个方向的位移，那么当系统在某一方向获得大位移时，其在其他方向的位移可能很小。在优化过程中，最大位移时间点可能随参数的变化做局部变化，因此，我们不能仅把我们所关心的某一方向上的最大位移时间点作为关键点。可以通过令谱元离散 Lagrange 插值微分等于零来获得关键时间点，然后将其和同它相邻的两个 GLL 点组成关键时间点集，如图 4.2 所示。其中，p_i、p_j 是谱元离散 Lagrange 插值微分等于零的解；p_{i1}、p_{i2} 是与 p_i 距离最近的两个 GLL 点；p_{j1}，p_{j2} 是与 p_j 距离最近的两个 GLL 点。

第4章 基于面向所有节点等效静态载荷的模态叠加法的结构动态响应优化方法

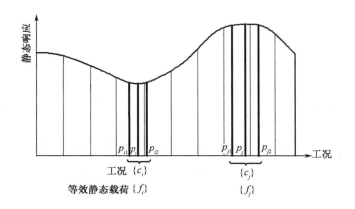

图 4.2 关键时间点集示意

等效静态载荷可以通过式（4.7）获得。

$$s = Kd(t_c) \tag{4.7}$$

式中，s 表示精确的等效静态载荷，并且所有自由度都作用于一个载荷；$d(t_c)$ 可以通过瞬态动力学分析和模态叠加法两种途径获得。式（4.7）不仅说明等效静态载荷确实存在，而且说明它有精确值。为了利用模态叠加法，对式（4.7）进行模态矩阵和刚度矩阵扩充。将式（4.2）代入式（4.7）得

$$d(t_c) = \boldsymbol{\Phi}(\boldsymbol{\Phi}^T K \boldsymbol{\Phi})^{-1} \boldsymbol{\Phi}^T s \tag{4.8}$$

式（4.7）和式（4.8）中的载荷向量是一致的。式（4.7）需要进行瞬态分析，而式（4.8）只需要进行模态分析和其他一些计算。

4.3 关键时间点集

在 GLL 点上进行 Lagrange 插值，在获得高精度的插值函数后，将此插值函数对时间求一阶导数并使其等于零，即可获得关键时间点。

插值函数为

$$L(t) = \sum_{e=1}^{q} \sum_{j=1}^{k} x_j^e p_j^e(t) \quad (4.9)$$

式中，$p_j^e(t) = \prod_{i \in I_j} \dfrac{t - t_i}{t_j - t_i}$，其中，$I_j = \{1, 2, \cdots, \hat{j}, \cdots, k\}$，$t_0 \leqslant t \leqslant t_1$（$t_0$ 为仿真开始时间，通常为 0；t_1 为仿真结束时间）；q 为解空间离散的单元数；k 为每个单元的离散 GLL 点数；x_j^e 为单元 e 的第 j 个 GLL 点对应的动态响应（如位移、应力）。

根据微分定理得

$$\frac{\mathrm{d}L(t)}{\mathrm{d}t} = \sum_{e=1}^{q} \sum_{j=1}^{k} x_j^e \frac{\mathrm{d}p_j^e(t)}{\mathrm{d}t} \quad (4.10)$$

式中，$\dfrac{\mathrm{d}p_j^e(t)}{\mathrm{d}t} = \sum_{r=1}^{k} \prod_{i \in I_j} \dfrac{t - t_i}{(t_j - t_i)(t - t_r)}$。关键时间点可以通过求解 $\dfrac{\mathrm{d}L(t)}{\mathrm{d}t} = 0$ 获得，然后通过比较可获得与关键时间点距离最近的左右两个 GLL 点。关键时间点与这两个 GLL 点即可组成关键时间点集。

4.4 方法流程

本章方法的具体实施流程如下：

步骤 1：模态叠加瞬态动力学分析。

步骤 2：判断最大应力单元。

步骤 3：用谱元离散时间，计算最大应力单元 GLL 点对应的应力。

步骤 4：采用式（4.9）进行 Lagrange 插值，并求解式（4.10），获得关键时间点，然后找到其相邻的左右两个 GLL 点，构成关键时间点集。

步骤 5：通过式（4.8）计算关键时间点集中每个时间点所有的节点等

效静态载荷，构成等效静态载荷向量集。

步骤 6：将步骤 5 求解的等效静态载荷向量集施加在对应的节点处，然后进行静态优化。

关键时间点集对应的等效静态载荷向量集可作为多重载荷工况来分析。先对每种工况分别进行静态分析，然后保存各工况下的单元应力值，当所有工况计算完成后，单元数和单元应力值就构成了二维数组，其中的单元应力值就会形成最大包络线值。

步骤 7：检查静态优化是否收敛。如果不收敛，更新设计变量并返回步骤 1；否则，结束优化。

4.5 算例分析

4.5.1 124 杆桁架结构尺寸优化

此例中的 124 杆桁架有 49 个铰链、94 个自由度［见图 4.3（a）］。弹性模量 E=207 GPa，泊松比 v=0.3，密度 ρ =7850 kg/m^3，杆的截面积为 0.645×10^{-4} m^2。其动态载荷为半正弦函数［见图 4.3（b）］。在节点 1、20、19、18、17、16、15 的 X 轴正方向上作用同样大的动态载荷，在节点 1、2、3、4、5 的 Y 轴负方向上也作用同样大的动态载荷。

为了减小优化的挑战性，将 124 根杆分成 6 类（见表 4.1）：向左倾斜、向右倾斜、水平长杆、水平短杆、竖直短杆、支架杆，共包括 11 个设计变量。优化的目标是质量最轻，约束为应力约束，即最大应力小于 147.7 MPa。

各设计变量的初始值均为 645 cm^2。

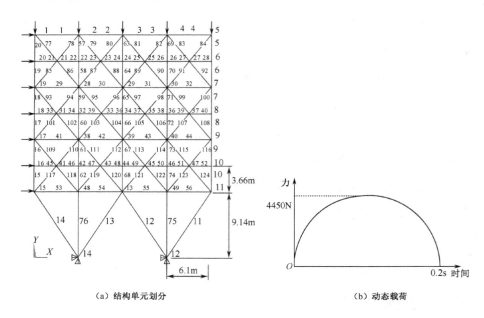

(a) 结构单元划分　　　　　　　　(b) 动态载荷

图 4.3　124 杆桁架结构单元划分及动态载荷

表 4.1　124 杆桁架变量分组情况

设计变量	对应的单元
X_{DV1}(向左倾斜，24 个单元)	77、79、81、83、86、88、90、92、93、95、97、99、102、104、106、108、109、111、113、115、118、120、122、124
X_{DV2}(向右倾斜，24 个单元)	78、80、82、84、85、87、89、91、94、96、98、100、101、103、105、107、110、112、114、116、117、119、121、123
X_{DV3}(水平长杆，16 个单元)	1～4、29～32、41～44、53～56
X_{DV4}(水平短杆，24 个单元)	21～28、33～40、45～52
X_{DV5}(竖直短杆，30 个单元)	5～10、15～20、57～74
X_{DV6}～X_{DV11}(支架杆，6 个单元)	X_{DV6}: 11 X_{DV7}: 12 X_{DV8}: 13 X_{DV9}: 14 X_{DV10}: 75 X_{DV11}: 76

第 4 章　基于面向所有节点等效静态载荷的模态叠加法的结构动态响应优化方法

图 4.4 所示为关键时间点 0.101726470521158s 对应的等效静态载荷（ESL）作用下的所有节点位移与该时刻动态载荷（DYAN）作用下的所有节点位移的比较。从图中可以看出，两种位移吻合得较好，且 UX 位移明显大于 UY 位移。图 4.5 是此关键时间点的等效静态载荷作用下的节点 UX 位移的相对误差。从图中可以看出，UX 位移最大相对误差为 2.953%。在图 4.5 中，节点 12、14 为位移约束点，因此所得结果不连续。由于篇幅有限，其他时刻的位移相对误差这里就不再赘述了。

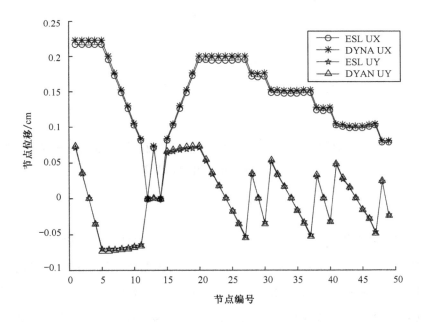

图 4.4　关键时间点 0.101726470521158s 对应的等效静态载荷（ESL）作用下的所有节点位移与该时刻动态载荷（DYAN）作用下的所有节点位移的比较

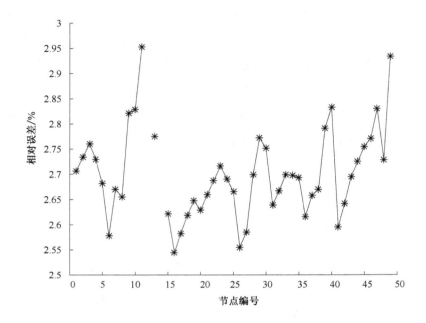

图 4.5 关键时间点 0.101726470521158s 对应的等效静态载荷作用下的节点 UX 位移的相对误差

在动态载荷作用下,所有时间点、所有节点的自由度都存在一个等效静态载荷,如图 4.6 为节点 1 和 5 的 X、Y 自由度对应的所有时间点的等效静态载荷。从图中可以看出,等效静态载荷的趋势与动态载荷一致,即使撤去动态载荷,等效静态载荷依然存在。从图 4.7 可以看出,当动态载荷在 0.1s 达到最大时,危险单元 13 的应力没有达到最大。其应力在 0.101726470521158s 达到最大,说明动态效应产生了应力滞后。比较图 4.6 与图 4.7,不难看出,图 4.7 是通过使式(4.10)等于零获得的。

第4章 基于面向所有节点等效静态载荷的模态叠加法的结构动态响应优化方法

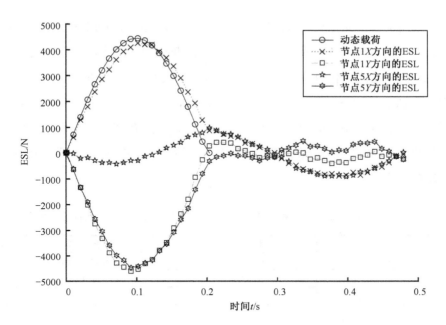

图 4.6 节点 1 和 5 的 X、Y 自由度对应的所有时间点的等效静态载荷

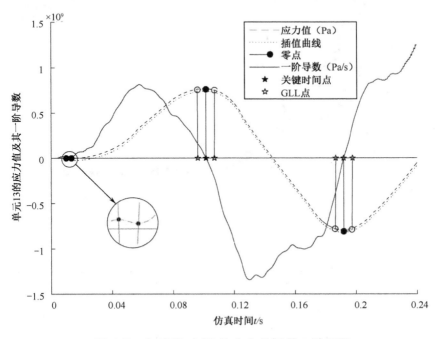

图 4.7 危险单元 13 的应力值及其一阶导数

采用关键时间点集法和所有时间点法进行优化,从表 4.2 和图 4.8 可以看出,关键时间点集法和所有时间点法均能获得较好的收敛,但是前者迭代 210 次后达到最优目标值 491.82991700kg,耗时 120.9652min,而后者迭代 217 次后达到最优目标值 524.39984650kg,耗时 1972.6639min。后者所用时间是前者的 16.3077 倍,前者使目标值减少了 78.0747%,而后者使目标值减少了 76.6228%。表 4.3 所示为采用两种方法获得的 124 杆桁架最优设计变量比较。

表 4.2　关键时间点集法和所有时间点法获得的 124 杆桁架耗时与最优目标值比较

方　　法	耗　　时	最优目标值
初值		2243.2100 kg
关键时间点集法	120.9652min	491.82991700 kg
所有时间点法	1972.6639min	524.39984650 kg

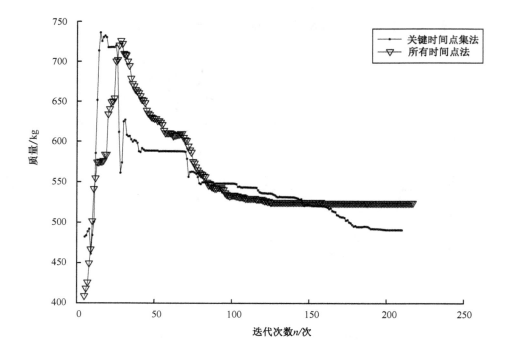

图 4.8　关键时间点集法与所有时间点法的优化比较(124 杆桁架)

表 4.3　采用关键时间点集法和所有时间点法获得的 124 杆桁架最优设计变量比较

单位：cm²

设计变量	关键时间点集法	所有时间点法
X_{DV1}	93.6142682200	104.563531176275
X_{DV2}	93.4741078900	106.100841084417
X_{DV3}	162.985520320	157.462708329796
X_{DV4}	10.6726181100	30.1563613576239
X_{DV5}	65.0455224200	71.5098397135004
X_{DV6}	228.745782860	242.272270401740
X_{DV7}	441.610451730	397.237977772873
X_{DV8}	380.350871260	429.337221064011
X_{DV9}	274.622532290	209.877297778638
X_{DV10}	152.999431070	176.382418625542
X_{DV11}	160.706131190	177.636602101239

4.5.2　18 杆桁架结构尺寸与形状混合优化

对于图 4.9 中的 18 杆桁架结构，半正弦状动态载荷作用在其节点 1、2、4、6、8。弹性模量 E= 69 GPa，密度 ρ=2765 kg/m³，泊松比 μ=0.3。

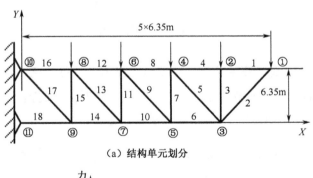

（a）结构单元划分

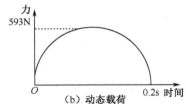

（b）动态载荷

图 4.9　18 杆桁架结构单元划分和动态载荷

我们既要优化尺寸——18 根杆的截面积，还要优化桁架结构的形状。如果把每根杆的截面积均作为一个设计变量，会给优化带来极大挑战，何况还需要考虑用节点坐标来描述桁架结构的形状。因此，将设计变量分为尺寸变量和形状变量两类，并且对 18 根杆分组，把每组的截面积作为一个设计变量，并用节点 3、5、7、9 的 X 坐标和 Y 坐标来描述桁架结构的形状（见表 4.4）。

表 4.4　18 杆桁架变量分组情况

设计变量	X_{DV1}(上面水平)	X_{DV2}(下面水平)	X_{DV3}(竖直)	X_{DV4}(对角)
对应单元	1，4，8，12，16	2，6，10，14，18	3，7，11，15	5，9，13，17
设计变量	$X_{DV5} \sim X_{DV6}$	$X_{DV7} \sim X_{DV8}$	$X_{DV9} \sim X_{DV10}$	$X_{DV11} \sim X_{DV12}$
对应节点坐标	(X_3, Y_3)	(X_5, Y_5)	(X_7, Y_7)	(X_9, Y_9)

尺寸变量的初始值均为 8400 mm^2，形状变量的初始值均为 0。优化目标是质量最小，两个约束为最大应力约束和最大位移约束。优化模型为

$$\begin{cases} \min_{X} \text{mass} \\ \text{s.t.} \left|\sigma\right|_{\max} \leqslant 177.9 \text{MPa} \\ \text{s.t.} \left|\sigma\right|_{\max} \leqslant 28.4 \text{cm} \end{cases}$$

从图 4.10 来看，在半正弦动态载荷的作用下，各节点的等效静态载荷是振荡的，而且与动态载荷相比，其达到极值的时刻有的提前，有的滞后，说明在动态载荷作用下，等效静态载荷是真实存在的。

图 4.11 所示为关键时间点 0.121677775449288s 对应等效静态载荷作用下的所有节点位移与该时刻动态载荷作用下的所有节点位移比较，从图中可以看出，两者结果较吻合。图 4.12 是该时刻静态载荷作用下的节点 UX、UY 位移的相对误差，从图中可以看出，UX 位移的最大相对误差为 3.209%，UY 位移的最大相对误差为 0.893%。

第4章 基于面向所有节点等效静态载荷的模态叠加法的结构动态响应优化方法

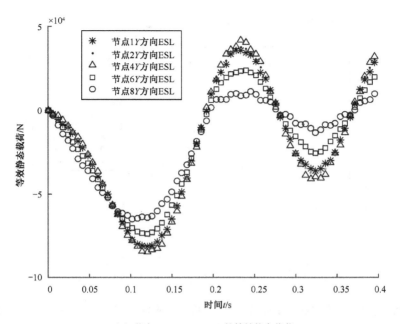

(a)节点1、2、4、6、8的等效静态载荷

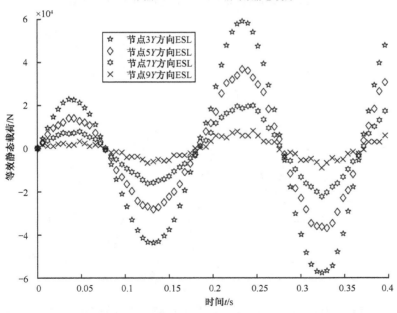

(b)节点3、5、7、9的等效静态载荷

图4.10 时间历程上的节点等效静态载荷

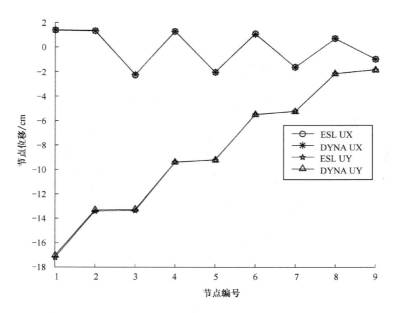

图4.11 关键时间点0.121677775449288s对应等效静态载荷作用下的所有节点位移与该时刻动态载荷作用下的所有节点位移比较

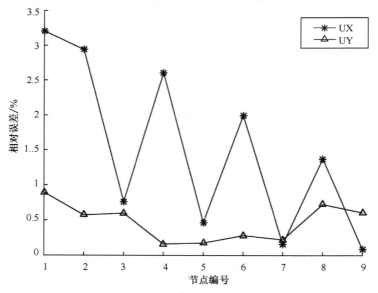

图4.12 关键时间点0.121677775449288s对应的等效静态载荷作用下的节点UX、UY位移的相对误差

第 4 章 基于面向所有节点等效静态载荷的模态叠加法的结构动态响应优化方法

图 4.13 所示为危险单元 2 的应力值及其一阶导数。使一阶导数等于零,可获得三个极值点,选择其中绝对值最大的一个为关键时间点,并与相邻的左右两个 GLL 点构成关键时间点集。

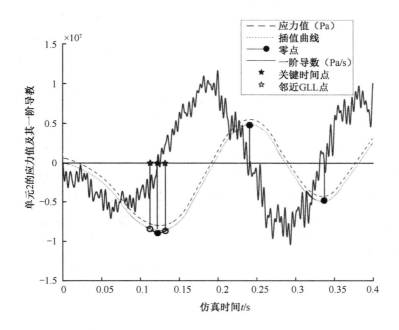

图 4.13 危险单元 2 的应力值及其一阶导数

通过关键时间点集法和所有时间点法两种方法进行优化,最后获得如表 4.5、表 4.6 及图 4.14、图 4.15 所示的结果。如图 4.15 所示,对于两种方法,图中节点 1、2、4、6、8、10、11 及单元 1、4、8、12、16 的几何位置均没有变化,而其他节点的位置则发生了变化。其中,所有时间点法所获得的形状控制点为节点 3、5、7、9,而关键时间点集法获得的形状控制点为节点 12~15,它们对应的中间杆的姿态发生了改变,因此,两种方法所得的形状有明显差异,具体数据见表 4.5 中的 $X_{DV5} \sim X_{DV12}$(假设以形状设计变量 $X_{DV5} \sim X_{DV12}$ 原来的坐标为原点,优化结果是相对原来坐标的相对距离)。从工程经验的角度看,关键时间点集法获得的结果更可靠。

表 4.5　采用关键时间点集法和所有时间点法得到的 18 杆桁架优化结果比较

单位：cm^2

设计变量	关键时间点集法	所有时间点法
X_{DV1}	7670.00941882803	9045.99833623767
X_{DV2}	10261.3757183491	9855.38007354326
X_{DV3}	2826.20567659979	2428.43674911552
X_{DV4}	4656.08514566531	3914.27947441947
X_{DV5}	−2.62821142871100	−4.89134104632723
X_{DV6}	2.12342718172536	2.32787313012177
X_{DV7}	−0.84426690690217	−3.0872497751829
X_{DV8}	1.26857341292592	1.46441658162896
X_{DV9}	−0.90146864304572	−1.59842320557510
X_{DV10}	0.112760509940237	0.632538793959340
X_{DV11}	−1.27256777545745	−2.20654084056575
X_{DV12}	−0.27638200133142	−0.125095356332809

表 4.6　采用关键时间点集法和所有时间点法得到的 18 杆桁架优化耗时与最优目标值比较

方　　法	优化耗时	最优目标值
初值		2960.183443 kg
关键时间点集法	70.339567 分钟	2170.8819 kg
所有时间点法	878.076883 分钟	2124.3312 kg

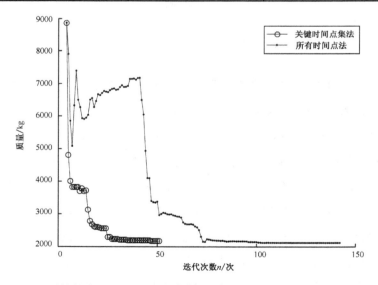

图 4.14　关键时间点集法与所有时间点法优化比较（18 杆桁架）

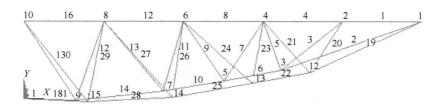

图 4.15　等效静态载荷作用下两种方法得到的所有节点优化结果

从表 4.6 和图 4.14 可以看出,关键时间点集法迭代 23 次后目标函数值已经达到 2234.9604 kg,很接近最优目标值 2170.8819 kg;而所有时间点法迭代 23 次后目标函数值为 6772.0975kg,和最优目标值相差较远,迭代 75 次后目标函数值才达到 2231.0834 kg,相较而言,关键时间点集法可以快速收敛。从优化耗时来看,所有时间点法耗时 878.076883 min,而关键时间点集法仅仅耗费 70.339567 min,前者是后者的 12.4834 倍。从平均迭代步耗时来看,所有时间点法为 6.1836 min/步,关键时间点集法为 1.3792 min/步,前者的步耗时是后者的 4.4835 倍。从质量减少来看,所有时间点法减少了 28.2365%,关键时间点集法减少了 26.6639%。对工程而言,两者均接近了最优解。

4.6　本章小结

本章应用模态叠加法获得所有时间点、所有节点的等效静态载荷,并提取最危险单元的应力,通过 GLL 插值获得高精度的插值函数,然后令其一阶导数等于零,获得关键时间点,并将该关键时间点和与其相邻的左右两个 GLL 点构成关键时间点集;将关键时间点集法和所有时间点法获得的等效静态载荷作为多工况载荷作用于结构,对结构进行优化,获得如下结论:

（1）模态叠加法仅仅进行模态分析就可以获得任意时间点的等效静态载荷，避免了瞬态动力学分析；

（2）通过令谱元离散 Lagrange 插值函数对时间的一阶导数等于零，可获得插值函数的极值点，通过设置阈值，经过简单过滤就可获得关键时间点，这适用于需要所有极值点的场合；

（3）关键时间点集法省去了通过优化嵌套来求解等效静态载荷的过程，剔除了所有时间点法中无关紧要的时间点，极大地提高了计算效率。如在对 124 杆桁架结构尺寸的优化中，关键时间点集法耗时 120.9652 min，而所有时间点法耗时 1972.6639 min；在对 18 杆桁架结构尺寸与形状的混合优化中，关键时间点集法耗时 70.339567 min，而所有时间点法耗时 878.076883 min。

第 5 章
基于局部特征子结构法的连续结构优化方法

对大型连续结构进行优化难度非常大，主要表现在两个方面：①对大型连续结构进行有限元分析非常耗时，导致其寻优过程效率很低；②连续结构的参数化比较困难。对杆单元、平面单元、梁单元等这些简单单元来说，常以单元截面积、单元厚度及梁截面积为设计变量，很容易对其实现参数化，而连续结构不具备这些特点。根据子结构法的优势与优化过程中各个子功能的特点，需要重新考虑连续结构的优化方法。

分析大型连续结构或复杂结构时，使用一般有限元法会遇到计算机容量不足或所需机时过长等问题。为克服这类困难，可采用位移子结构法对平面问题进行研究。其在满足子结构内节点处平衡条件和相容条件的情况下，综合各子结构的受力与变形，把庞大的原结构划分成若干子结构进行计算[141]。主模态叠加法是特殊的里兹向量，其只反映结构自身的动力特性，而与结构所承受的动态载荷无关。因此，在确定结构对外部动态载荷的响应时，事先无法知道哪些里兹向量的贡献是主要的，也无法决定该取多少里兹向量进行叠加。为此，Wilson 提出了里兹向量直接叠加法，其中，里兹向量的选择不仅与结构自身的动力特性有关，而且与结构所承受的载荷空间分布性态有关。在此基础上，楼梦麟[142]提出了适合结构动力分析的静态子结构法。在对汽轮机零部件进行有限元分析时，经常遇到有限元形成的线性代数方程阶数高的问题，如对成组叶片进行强度分析时，可以得到几千阶的方程，因此，求解时首先要考虑计算机的容量和计算速度问题。郑鑫元[143]研究了适用于大型结构问题的静态子结构法和动态子结构法。李元科等[144]采用子结构的思想，将高阶刚度方程简化为低阶凝聚方程，然后由接触点的位移与力的关系引入接触边界条件，最后对滚动轴承进行有限元分析。在对灵敏度求解的分解法中，人们更关心的是子问题之间的位移耦合信息，因为子问题之间的应力约束耦合取决于其位移耦合。基于这一点，兆文忠等[145]从结构分析的子结构概念出发，提出了基于灵敏度分析的子结构法，对子结构技术进行深入研究。拓扑优化以单元为拓扑变量。对于大型连续结构而言，其拓扑变量随单元数的增多而增多，从而导致其优化困难。借助子结构的思想，可以将复杂结构分解为多个子结构，再分别进行优化，最后达到优化整体结构的目的[146]。如为了得到不同内力载荷需求的传力路径，首先用子结构法将结构分开，使内力暴露出来；然后以结构质量最小为目标、以内力为约束建立拓扑优化模型，基于独立、连续、映射方法和单位载荷法将内力显式化，并累加获得需要控制的传力路径上的内力；最后通过迭代调整各路径上的内力，使其比值达到一个稳定值，从而获得满足内力约束的传力路径[147]。传统的拓扑优化方法在整体求解寻优过程中不能控制特定区域的材料分布，针对这个问题，舒磊等[148]提出复合域拓扑优化方法，即在不同区域指定不同数量的材料，以满足汽车或设备在不同工作环境下的需要。为了解决数值子结构与试验子结构的边界协调耦合问题和子结构之间的依赖性问题，可根据各个子结构特点选用独到的有限元软件进行分析或试验。如江浩然等[149]提出了界面单元子结构协调方法，通过对子域引入边界力并建立边界上的平衡关系和位移协调关系，解决了界面单元耦合多个子结构的灵活性，而且不需要使子结构边界上的节点完全对应。文献[150]定义了一个虚拟单元的集合，该集合具有有限个虚拟节点，并且这些虚拟节点与实际节点可以不对应。汪博等[151]根据阻抗

第 5 章 基于局部特征子结构法的连续结构优化方法

耦合子结构法的基本原理，提出了基于阻抗耦合子结构法求解电主轴固有特性的流程。针对大型结构精确灵敏度直接分析法求解时间长的问题，张保等[152]通过将与设计变量有关的节点位移排到总位移列阵的后面，重新组装了刚度矩阵，然后对其进行区域分块，并聚缩得到子结构矩阵，从而使效率显著提高。子结构法能够将高阶线性方程组转化为低阶线性方程组并进行求解；能够凝聚、降级、分阶段求解；能满足大型复杂结构有限元分析的需要[153]。由于客车有限元模型的单元数量往往较为庞大，导致对其进行拓扑分析需要耗费大量的计算机时和人力资源。张帆等[154]在某空气悬架客车的拓扑优化分析中引入了子结构法，将不需要进行拓扑优化的部分通过矩阵凝聚生成超单元，并将待优化部分与超单元连接建立拓扑模型，从而极大地减少了模型的单元数量。在结构动态优化设计中，常常有多个设计变量可供调整，但对每个变量而言，其值的变化对结构性能的影响是不同的。选择对结构动态特性影响最灵敏的变量作为调整的主参数，对于提高结构动态特性具有十分重要的意义。然而，庞大的分析量和超长机时会给实际操作带来极大的困难。为此，张灶法等[155]提出了一种便捷有效的基于应力值静态灵敏度分析的子结构法。为了消除动态子结构法在求解非线性结构时体系的限制，王菲等[156]提出了适用于非线性子结构与多个线性子结构边界耦合情况的模态综合方法。它将整体体系划分为线性和非线性两类子结构，并对线性子结构依照势能判据截断准则进行自由度缩减，然后将其与非线性子结构进行综合，进而获得非线性体系的动态响应。丁晓红等[20]针对复杂机械系统中构件的边界条件难以确定，从而导致不能获得最优结果的问题，基于子结构法，根据力的传递路径来确定构件所受的载荷，然后在保证构件边界条件准确性的前提下，通过逐步逼近优化，最终得到构件材料分布的拓扑形态。

通过以上的文献分析可以看出，子结构法发展迅速，并已经应用于拓扑优化等工程技术领域。然而，在利用子结构法进行大型连续结构优化的通用性研究方面还没有相关的文献。基于此，本章提出一种基于局部特征子结构法的连续结构优化方法。其采用三类局部特征不同的子结构分别承担优化过程中的三类功能，每类子结构均会改善优化过程中不同子功能的性能，从而使得总体优化具有高效性和收敛性。

5.1 连续结构优化问题描述

本章研究的对象是连续结构（如柴油机活塞等）在允许的应力、允许的位移约束下的结构质量最小化问题，优化模型如下：

$$\begin{cases} \min W(\boldsymbol{X}) \\ \text{s.t.} \left|\boldsymbol{\sigma}\right|_{\max}(\boldsymbol{S},\boldsymbol{X}) \leqslant \sigma_{\mathrm{u}} \\ \text{s.t.} \left|\boldsymbol{d}\right|_{\max}(\boldsymbol{S},\boldsymbol{X}) \leqslant d_{\mathrm{u}} \\ \text{s.t.} \boldsymbol{K}(\boldsymbol{X})\boldsymbol{U}=\boldsymbol{F} \end{cases} \quad (5.1)$$

式中，W 为整体结构质量；$\boldsymbol{X}$ 为设计变量向量；$\boldsymbol{S}$ 为状态变量向量；$\left|\boldsymbol{\sigma}\right|_{\max}(\boldsymbol{S},\boldsymbol{X})$ 为结构绝对最大应力；σ_{u} 为允许的应力上限；$\left|\boldsymbol{d}\right|_{\max}(\boldsymbol{S},\boldsymbol{X})$ 为结构绝对最大位移；d_{u} 为允许的位移上限；$\boldsymbol{K}(\boldsymbol{X})$ 为总刚度矩阵；$\boldsymbol{U}$ 为节点位移向量；$\boldsymbol{F}$ 为力向量。

在连续结构优化中，通常采用基于梯度的优化方法，而梯度计算一般采用中心差分法。这种方法求梯度的仿真次数为 $2n$ 次（n 为设计变量个数），结构仿真耗时较长，因此，可以从结构仿真方面来考虑提高效率。子结构法是目前提高结构仿真效率的有效方法。

5.2 子结构法

子结构法就是将一组单元用矩阵凝聚为一个超单元的过程。超单元的

第 5 章 基于局部特征子结构法的连续结构优化方法

使用方法与其他单元一样。子结构法能够节省大量的计算时间，并且能够在计算机资源有限的情况下解决大规模问题，从而提高效率，在含有反复迭代的各种动力学分析、非线性分析和优化分析中显示出了较大的优越性。子结构法主要分为固定界面模态综合法和自由界面模态综合法两大类，其关键是对子结构界面的处理。如图 5.1 所示，将整体结构沿着虚线划分为 2 个子结构 I_1 和 I_2，则虚线 B 构成每个子结构与其他子结构相邻的边界。该边界上的节点为连接节点，其余节点为内部节点。

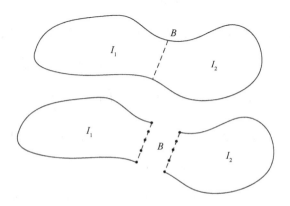

图 5.1 子结构划分示意

一般结构的静力学分析整体有限元模型方程为式（5.1）中的 $K(X)U=F$。首先对其进行分解：将其分解为子结构和子结构之间的界面两部分，分解后为

$$\begin{bmatrix} K_{\mathrm{II}}^{(1)} & K_{\mathrm{IB}}^{(1)} & 0 \\ K_{\mathrm{BI}}^{(1)} & K_{\mathrm{BB}}^{(1)} + K_{\mathrm{BB}}^{(2)} & K_{\mathrm{IB}}^{(2)} \\ 0 & K_{\mathrm{BI}}^{(2)} & K_{\mathrm{II}}^{(2)} \end{bmatrix} \begin{Bmatrix} U_{\mathrm{I}}^{(1)} \\ U_{\mathrm{B}} \\ U_{\mathrm{I}}^{(2)} \end{Bmatrix} = \begin{Bmatrix} F_{\mathrm{I}}^{(1)} \\ F_{\mathrm{B}} \\ F_{\mathrm{I}}^{(2)} \end{Bmatrix} \quad （5.2）$$

式中，$K_{\mathrm{II}}^{(i)}$ 为第 i 个子结构内部节点组成的刚度矩阵；$K_{\mathrm{BB}}^{(i)}$ 为第 i 个子结构界面节点组成的刚度矩阵；$K_{\mathrm{IB}}^{(i)}$、$K_{\mathrm{BI}}^{(i)}$ 为第 i 个子结构内部节点与界面节点组成的连接矩阵；$U_{\mathrm{I}}^{(i)}$ 为第 i 个子结构内部节点的位移向量；U_{B} 为子结构

界面节点位移向量；$F_I^{(i)}$ 为第 i 个子结构内部节点载荷向量；F_B 为子结构界面节点载荷向量。将式（5.2）展开得

$$\begin{cases} K_{II}^{(1)} U_I^{(1)} + K_{IB}^{(1)} U_B = F_I^{(1)} \\ K_{BI}^{(1)} U_I^{(1)} + \left(K_{BB}^{(1)} + K_{BB}^{(2)} \right) U_B + K_{IB}^{(2)} U_B = F_B \\ K_{BI}^{(2)} U_B + K_{II}^{(2)} U_I^{(2)} = F_I^{(2)} \end{cases} \quad (5.3)$$

然后对子结构内部节点进行缩减，可以获得子结构缩减方程为

$$\tilde{K} U_B = \tilde{F} \quad (5.4)$$

式中，$\tilde{K}$ 为缩减刚度矩阵；$\tilde{F}$ 为缩减载荷向量。它们可分别表示为

$$\tilde{K} = \left(K_{BB}^{(1)} + K_{BB}^{(2)} \right) - K_{BI}^{(1)} \left(K_{II}^{(1)} \right)^{-1} K_{IB}^{(1)} - K_{IB}^{(2)} \left(K_{II}^{(2)} \right)^{-1} K_{BI}^{(2)} \quad (5.5)$$

$$\tilde{F} = F_B - K_{BI}^{(1)} \left(K_{II}^{(1)} \right)^{-1} F_I^{(1)} - K_{IB}^{(2)} \left(K_{II}^{(2)} \right)^{-1} F_I^{(2)} \quad (5.6)$$

求解式（5.4）获得子结构界面节点位移，然后将其分别代入式（5.2）的相应部分中，即可求出各子结构内部节点的位移。

从以上分析可知，由于矩阵 $\tilde{K}$ 的阶数远小于矩阵 K 的阶数，因此，求解式（5.4）的规模远小于求解式（5.1）的规模，这就是子结构法的魅力所在。

5.3 子结构法的实施

优化过程总需要反复迭代计算，子结构法能大大减小计算规模，如果将两者结合起来，将会获得意想不到的效果。结合优化的特点，现将子结构法的分析过程描述如下。

（1）确定子结构部分。将需要优化的连续结构划分为两大类子结构：

第一类为既不包含状态变量也不包含设计变量的子结构,称为超单元;第二类为包含状态变量或/与包含设计变量的子结构,称为非超单元。前一类的分析需要运用子结构法,而后一类不需要。

在优化过程中,第一类子结构的几何结构不变,第二类子结构又可分为两类:①参数化子结构;②状态变量子结构。在一个结构中,参数化子结构可以有多个,状态变量子结构也可以有多个。参数化子结构是指包含设计变量的局部结构。状态变量子结构是指包含状态变量的局部结构,即其约束函数或目标函数中含状态变量,但不含设计变量。有时参数化子结构不仅包含设计变量还包含状态变量,但状态变量子结构只包含状态变量。

如图 5.2 所示,整体结构分为 3 个子结构 I_i(i=1,2,3),B 是每个子结构与其他子结构相邻的边界,其上的节点为连接节点,其余节点为内部节点。I_1 是第一类子结构,其在优化过程中几何结构不变,而且既不包含设计变量,也不包含状态变量。I_2、I_3 是第二类子结构,其中,I_2 是参数化子结构,I_3 是状态变量子结构。

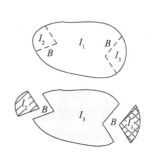

图 5.2　基于优化的子结构示意

(2)选择主自由度。主自由度包括:①与非超单元接触部分的所有节点;②约束条件对应的所有节点;③施加载荷的所有节点;④任意节点(这些节点的选择与精度有关系)。对于一般结构,仅仅选择①②③作为主自由度即可,而在某些特殊情况下,除了选择①②③作为主自由度,还要考虑与④相关的主自由度。

(3)将不同的子结构分别生成超单元。根据式(5.2)~式(5.5),对每个子结构进行矩阵缩减,使得组合后的整体矩阵规模大大缩小。

(4)耦合超单元与非超单元。在优化过程中,超单元的几何结构不会改变。在优化之前,先对这部分子结构进行网格划分及边界条件施加,这样优化时就可以直接使用，会节省大量时间。非超单元可分为两种。一种是参数化子结构，其网格划分、边界条件施加需要实时进行。这部分子结构最重要的是超单元与非超单元之间的连接部分，即公共部分。耦合时需要将超单元对应的公共部分已经划分的节点作为初始条件对非超单元进行划分，划分完后再将两种结构对应的公共节点耦合起来。另一种是状态变量子结构，对这部分子结构的处理方式与对超单元的处理方式类似，即在优化过程中其几何结构不会改变。因此，在优化之前，先将这部分子结构进行网格划分及边界条件施加，然后将其与超单元进行耦合处理，这样在优化过程中就可以直接应用，从而节省大量时间。这样处理可以避免每次仿真完都要对超单元进行扩展，从而不仅可以获得所需要的状态变量值，而且可以极大地提高计算效率。

（5）求解。耦合后结构的整体矩阵规模远远小于非子结构的整体矩阵规模，此时利用高斯消元法求解即可。一般在一个连续结构中，超单元所占比例远远大于状态变量子结构和参数化子结构，因此，子结构的应用可以大大减小计算规模，提高计算效率。

（6）扩展。此扩展需要耗费时间，当处理需要反复求解的问题时，扩展可以在最后进行。比如在优化过程中需要反复求解结构有限元模型，可在优化结束后通过扩展来进行验证分析。应用状态变量子结构就是为了避免在优化过程中进行子结构扩展计算，从而节省大量时间，提高效率。

5.4 基于子结构法的优化迭代

基于子结构法的优化迭代过程如图 5.3 所示。在划分子结构时，如果状态变量不是在单独的子结构中，而是也包含在参数化子结构中，此时就不

第5章 基于局部特征子结构法的连续结构优化方法

用构造状态变量子结构，这种情况的优化迭代过程如图 5.3（a）所示。图 5.3（b）是一般的优化迭代过程，包括超单元、状态变量子结构、参数化子结构三部分。前两部分对应的有限元模型只需要生成一次，其在迭代过程中与第三部分耦合参与整体模型求解。求解完成后，需要从状态变量子结构中提取状态变量值，同时从参数化子结构中提取其状态变量值，然后将所有状态变量值及参数化子结构的设计变量初值返回优化器，由优化器分析计算并决定下一组迭代的设计变量值。参数化子结构在优化过程中需要实时生成几何结构、划分网格、施加边界条件，以及耦合与其他子结构的接触边界，即利用新设计变量值对参数化子结构进行重新生成，并反复迭代，直至收敛为止。

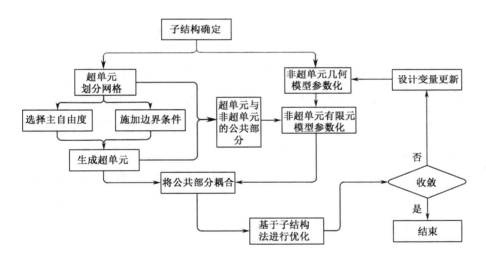

（a）不包含非超单元状态变量子结构

图 5.3　基于子结构法的优化迭代过程

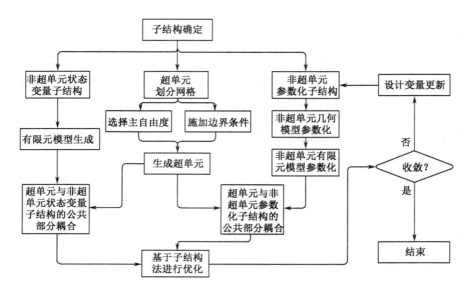

(b) 包含非超单元状态变量子结构

图 5.3 基于子结构法的优化迭代过程（续）

在图 5.3 中找不到扩展这一步，因为从优化的角度来划分子结构时，已经进行了充分考虑，并把整体结构划分为超单元、状态变量子结构和参数化子结构三类，在优化过程中，目标函数和约束函数所需要的状态变量的值仅从状态变量子结构与参数化子结构中获取，因此，不需要对超单元进行扩展。其实扩展比较耗时，在优化结束后进行超单元扩展是为了验证优化的结果。

5.5 算例分析

5.5.1 空腹梁设计

有一根两端固定的空腹梁，其结构如图 5.4 所示。它的厚度均为 0.1m，材料弹性模量为 $2×10^{11}$Pa，泊松比为 0.3。空腹梁上面中心处受竖直向下的集中载荷作用,其大小为 1000N。我们需要确定空腹梁的尺寸,以使得在满足位移和应力约束的条件下其质量最小。

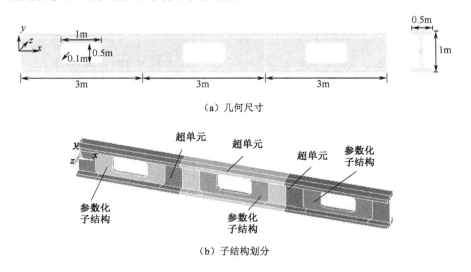

(a) 几何尺寸

(b) 子结构划分

图 5.4 空腹梁结构

优化模型如式(5.7)所示。

$$\begin{cases} \min W \\ \text{s.t.} \quad \dfrac{|\sigma|_{\max}}{4.6\times 10^5}-1\leqslant 0 \\ \text{s.t.} \quad \dfrac{|d|_{\max}}{0.000026}-1\leqslant 0 \\ \text{s.t.} \quad \boldsymbol{KU}=\boldsymbol{F} \end{cases} \tag{5.7}$$

图 5.5 所示为空腹梁基于子结构法优化的迭代过程。其中,图 5.5(a)为目标函数的迭代过程,图 5.5(b)为响应的约束函数的迭代过程。从图 5.5 中可以看出,空腹梁质量的变化趋势与违约比相对应。违约比保持或减小,则空腹梁质量也将保持或减小;一旦违约比增大,空腹梁质量也明显增大。图 5.6 为空腹梁直接优化的迭代过程。从图 5.6(a)来看,空腹梁质量似乎一直在减小。对照图 5.6(b)可以看出,其违约比较大,达到 2.69e-02。图 5.7 是对基于子结构法的优化结果的验证,从图中可看出,其满足约束条

件。从表 5.1~表 5.4 可以看出,基于子结构法优化的平均仿真耗时比直接优化少,前者平均耗时为 12.5s,后者平均耗时为 14.35s。由于该结构较规则且规模小,子结构法没有体现出明显的优势。

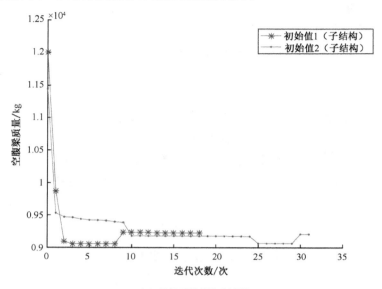

(a) 目标函数的迭代过程

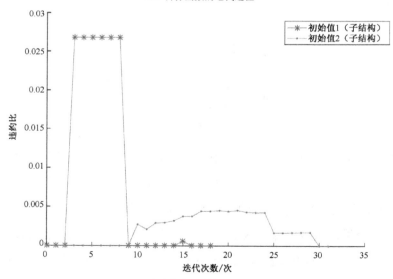

(b) 响应的约束函数的迭代过程

图 5.5 空腹梁基于子结构法优化的迭代过程

第 5 章　基于局部特征子结构法的连续结构优化方法

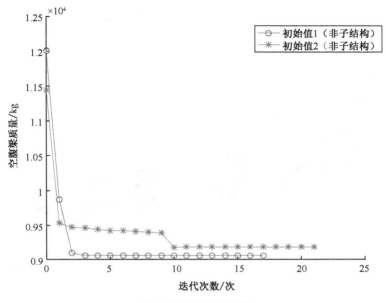

（a）目标函数的迭代过程

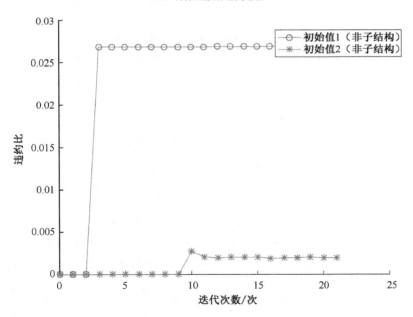

（b）响应的约束函数的迭代过程

图 5.6　空腹梁直接优化的迭代过程

图 5.7　对基于子结构法的优化结果的验证（初始值 2 的情况）

表 5.1　空腹梁基于子结构法优化的最优值

单位：m

项目		设计变量		
		x_1	x_2	x_3
初始值	1	0.80000000	0.40000000	0.15000000
	2	1.40000000	0.40000000	0.15000000
最优值	1	1.71864084	0.89943379	0.15420764
	2	1.89997288	0.79025765	0.11905143

表 5.2　空腹梁基于子结构法优化的迭代情况

项目	迭代次数/次	仿真次数/次	目标函数值/kg	约束函数值	总时间/s	平均仿真时间/s
1	18	108	9230.45	0.0	1346	12
2	31	148	9211.10	0.0	2017	13

表 5.3 空腹梁直接优化的最优值

单位：m

项目		设计变量		
		x_1	x_2	x_3
初始值	1	0.80000000	0.40000000	0.15000000
	2	1.40000000	0.40000000	0.15000000
最优值	1	1.89999918	0.89999686	0.14604088
	2	1.89996966	0.79525400	0.11061828

表 5.4 直接优化的迭代情况

项目	迭代次数/次	仿真次数/次	目标函数值/kg	约束函数值	总时间/s	平均仿真时间/s
1	17	86	9058.48	2.690e-02	1277	14.8
2	21	116	9184.63	1.962e-03	1619	13.9

空腹梁基于子结构法的优化属于不包含非超单元状态变量子结构的优化，因为约束函数所需状态变量均包含在参数化子结构中，因此，在其优化过程中不需要通过构造状态变量子结构来获得所需状态变量的值，这样可以节省处理时间，还可以进一步缩小求解方程的规模。

5.5.2 柴油机活塞设计

某柴油机活塞的几何结构如图 5.8 所示。其主体材料弹性模量为 7×10^6Pa，泊松比为 0.3；镶圈材料弹性模量为 11×10^6Pa，泊松比为 0.33。为了说明子结构法的优越性，下面以活塞质量最小为目标函数，以油腔形状为设计变量进行优化。

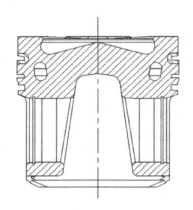 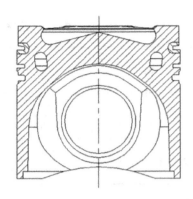

（a）沿活塞销轴线和活塞中心线形成的平面全剖　（b）沿活塞销轴线垂线和活塞中心线形成的平面全剖

图 5.8　柴油机活塞几何结构

本书建模时没有考虑气缸，所以忽略侧推力、摩擦力对活塞的影响。机械应力主要包括最大爆发压力和活塞惯性力的作用。活塞气体压力载荷边界条件如图 5.9 所示，结合活塞的实际受力情况，将缸内压力 P_j 按均布力施加在活塞顶面，并以一定比例分别施加在各环槽和环岸。活塞往复的惯性力可根据活塞加速度曲线计算得到。由于活塞销两端施加的全约束采用 1/4 有限元模型进行计算，所以在对称面上施加对称约束。在进行静态力学分析时，考虑最大爆压时刻活塞的受力情况，根据前期试算应力分布，采用子结构法将活塞划分为三个子结构，即超单元、状态变量子结构及参数化子结构，然后进行网格划分，如图 5.10 所示。

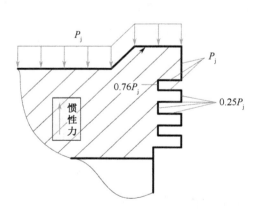

图 5.9　活塞气体压力载荷边界条件

第5章 基于局部特征子结构法的连续结构优化方法

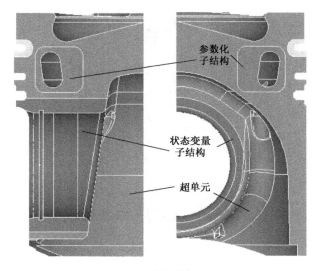

(a) 几何结构

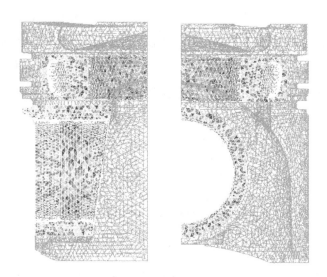

(b) 有限元网格（初始值5的情况）

图 5.10　柴油机子结构划分及设计变量

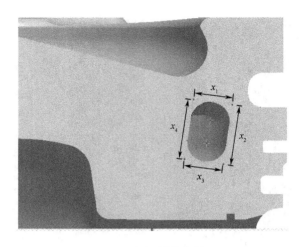

(c) 设计变量

图 5.10　柴油机子结构划分及设计变量（续）

有限元仿真计算是基于结构的三维实体模型进行的，在保证仿真计算精度的前提下，为减少计算时间，本章采用 1/4 活塞组合模型作为有限元计算模型，并采用 Solide45 单元进行网格划分。初始活塞计算所用的有限元网格模型如图 5.10（b）所示，该模型包含 123011 个四面体单元和 24695 个节点。柴油机活塞优化模型如式（5.8）所示。

$$\begin{cases} \min W \\ \text{s.t.} \dfrac{|\sigma|_{\max}}{190} - 1 \leqslant 0 \\ \text{s.t.} \dfrac{|d|_{\max}}{0.365} - 1 \leqslant 0 \\ \text{s.t. } \boldsymbol{KU} = \boldsymbol{F} \end{cases} \quad (5.8)$$

在柴油机活塞基于子结构法的优化过程中，采用 MATLAB 优化工具箱中的 fmincon 函数作为优化器，并结合有限元求解器进行优化。对于柴油机活塞来说，经过前期试算，发现约束函数需要的状态变量并不包含在参数化子结构中，因此，需要独立构造状态变量子结构，如图 5.10（a）所示。柴油机活塞有 4 个设计变量，如图 5.10（c）所示。

第 5 章 基于局部特征子结构法的连续结构优化方法

为了说明基于子结构法的优化方法的有效性，并排除初始值对结果的影响，在设计域内任意取 5 个点作为初始值进行优化。初始值的选择及优化结果如表 5.5 所示。5 组初始值对应的优化迭代过程如图 5.11 所示。

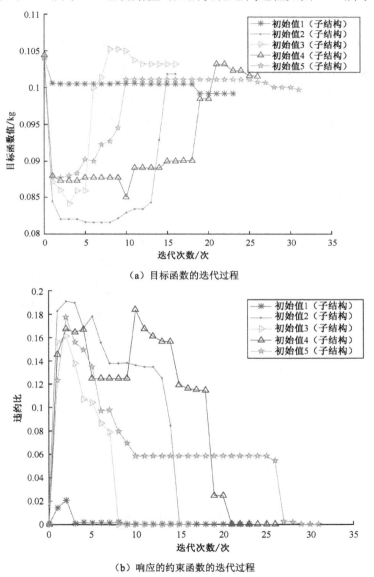

(a) 目标函数的迭代过程

(b) 响应的约束函数的迭代过程

图 5.11 柴油机活塞基于子结构法优化的迭代过程

147

从图 5.11、图 5.12 及表 5.5～表 5.8 可以看出，初始值不同，最优值也不同，这就由局部优化导致的。而且由目标函数和约束函数组成的设计域构成的函数是一个黑箱函数，我们对其特性并不了解，但是可以肯定地说，它是一个多峰值函数。要获得全局最优解，需要用全局优化求解器来求解，然而，目前全局优化求解器如遗传算法、模拟退火算法及粒子群算法等的仿真次数非常多，将其直接应用于工程问题求解，成功率很小。基于梯度的优化求解器和现代优化求解器的仿真次数还可接受，但是其结果是局部收敛的，因此，只能通过选取多初始点来尽可能地获得全局最优解。

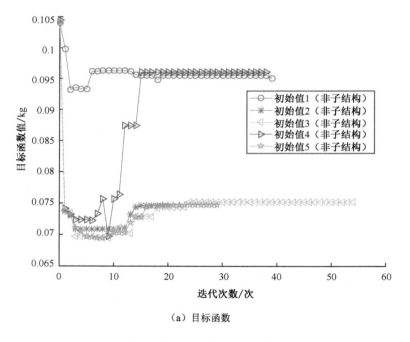

(a) 目标函数

图 5.12　直接优化的迭代过程

第 5 章 基于局部特征子结构法的连续结构优化方法

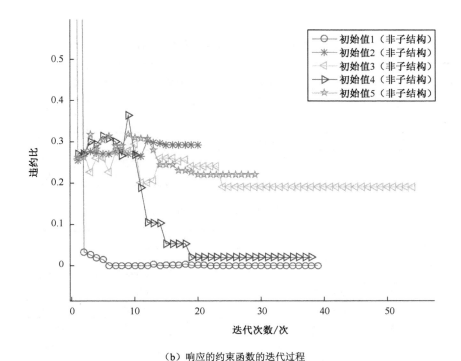

（b）响应的约束函数的迭代过程

图 5.12 直接优化的迭代过程（续）

表 5.5 柴油机活塞基于子结构法优化的最优值

项 目		设计变量			
		x_1	x_2	x_3	x_4
初始值	1	−0.20000000	−0.80000000	1.80000000	5.90000000
	2	−0.40000000	−0.80000000	1.80000000	5.90000000
	3	−0.60000000	−0.80000000	1.80000000	5.90000000
	4	−0.90000000	−0.80000000	1.80000000	5.90000000
	5	−1.20000000	−0.80000000	1.80000000	5.90000000
最优值	1	−0.00000021	−0.00341960	1.72226711	4.68397495
	2	−1.19999973	−0.59552277	0.00131510	4.38518460
	3	−0.81972655	−0.79999994	0.00595804	4.37905906
	4	−0.00475140	−0.59773221	0.87076402	4.37696719
	5	−0.01920395	−0.41019366	1.01309146	4.31331118

表 5.6 柴油机活塞基于子结构法优化的迭代情况

项目	迭代次数/次	仿真次数/次	目标函数值/kg	约束函数值	总时间/s	平均仿真时间/s
1	23	225	0.0991920	0.0	54536	242
2	16	124	0.1018669	0.0	35230	284
3	16	151	0.1032603	0.0	38377	254
4	26	220	0.1015546	0.0	46698	212
5	31	240	0.0996922	0.0	44701	186

表 5.7 柴油机活塞直接优化的最优值

	项目	设计变量			
		x_1	x_2	x_3	x_4
初始值	1	−0.20000000	−0.80000000	1.80000000	5.90000000
	2	−0.40000000	−0.80000000	1.80000000	5.90000000
	3	−0.60000000	−0.80000000	1.80000000	5.90000000
	4	−0.90000000	−0.80000000	1.80000000	5.90000000
	5	−1.20000000	−0.80000000	1.80000000	5.90000000
最优值	1	−0.00005292	−0.19746672	0.37001164	4.00974724
	2	−0.06380442	−0.68293880	0.00000000	0.00000003
	3	−0.26755315	−0.67042140	0.01867824	0.09127530
	4	−0.00000002	−0.79999999	0.00000010	3.36922375
	5	−0.41698987	−0.66398598	0.00002144	0.00000000

表 5.8 柴油机活塞直接优化的迭代情况

项目	迭代次数/次	仿真次数/次	目标函数值/kg	约束函数值	总时间/s	平均仿真时间/s
1	39	422	0.0950418	1.015e−03	167013	395
2	20	135	0.0746029	2.931e−01	76472	566
3	54	417	0.0752296	1.908e−01	166921	400
4	38	259	0.0961158	2.115e−02	107301	414
5	29	241	0.0747647	2.209e−01	106182	440

图 5.11 是柴油机活塞基于子结构法优化的迭代过程，从图 5.11（a）可以看出，其优化过程波动非常大，该波动是与图 5.11（b）的波动相对应的。从表 5.6 可以看出，基于子结构法的优化最后均收敛到可行域内，即均满足

约束函数；其最优目标函数值为 0.0991920kg（仅仅指参数化子结构部分），达到该值时优化迭代了 23 次，仿真了 225 次，用时 54536s，平均仿真 1 次用时 242s；在不同初始值的 5 次优化中，平均用时最多的是 284s/次；总体平均每仿真一次用时 235.6s。图 5.12 是活塞直接优化的迭代过程，从图 5.12（a）可以看出，其优化过程的波动没有图 5.11（a）中那么大，这当然也是与图 5.12（b）相对应的。然而，从表 5.8 可知，其最优解均没有满足约束函数，即约束函数值均不等于零，最小值为 1.015e-03；目标函数最小值为 0.0746029kg，其对应的约束函数值为 2.931e-01；用同样的优化条件直接优化，5 次优化总体平均每仿真一次用时 443s。从平均每仿真一次的用时来看，基于子结构法的优化方法用时是直接优化方法的 53.18%，可见其节省了 46.82%的时间，极大地提高了效率。

图 5.13 所示为对柴油机活塞基于子结构法优化结果的验证。

本节对柴油机活塞进行优化仅仅是为了说明基于子结构法优化的优势，因此对仿真部分做了部分简化，即将动态优化简化为静态优化，并且没有考虑温度载荷。

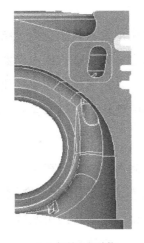 

（a）初始几何结构　　　　　　　　（b）最优几何结构

图 5.13　对柴油机活塞基于子结构法优化结果的验证（初始值 5 的情况）

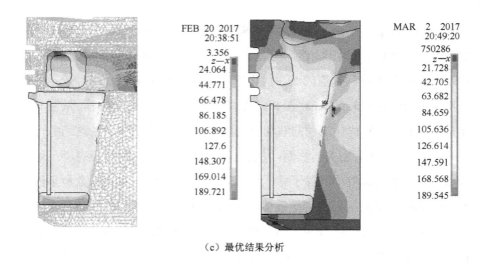

(c)最优结果分析

图 5.13　对柴油机活塞基于子结构法优化结果的验证（初始值 5 的情况）

5.6　本章小结

本章根据优化的需要将连续结构划分为超单元、状态变量子结构及参数化子结构，然后将超单元进行缩减，与状态变量子结构或与参数化子结构完全耦合，极大地减小了计算规模。此外，本章通过空腹梁优化和柴油机活塞优化两个算例，说明了基于子结构法的优化方法是非常有效的，并获得了以下结论：

（1）局部特征子结构是将连续结构的不同部分根据其在优化过程中所承担的主要任务的不同而划分的子结构。超单元的主要任务是减小仿真计算规模；状态变量子结构的主要任务是提供目标函数和约束函数所需的状态变量的值；参数化子结构的主要任务是减小结构质量，这是优化的最终目标。

（2）连续结构可以按局部特征划分为超单元、状态变量子结构和参数化子结构，并且超单元占连续结构的大部分，而状态变量子结构和参数化子结构仅仅占小部分。当结构达到一定规模时，其前处理所耗费的时间几乎可以忽略不计。

（3）在三种局部特征子结构的相互耦合作用下，基于子结构法的优化方法不仅极大地提高了效率，而且能很好地收敛。对于某柴油机活塞优化问题（包含 123011 个四面体单元和 24695 个节点），该方法可以节省 46.82%的时间，极大地提高了优化效率。

第 6 章

基于子结构平均单元能量的结构动态特性优化方法

结构优化问题的首要工作是建立合理的优化模型，其中包括确定设计变量及其取值范围。设计变量的取值直接决定了优化问题的收敛性与高效性。这方面可参考的文献比较少，工程师一般会结合经验尽量多取设计变量，并且尽量扩大设计变量的取值范围，以避免漏掉关键设计变量及其包含的重要取值范围。如果设计变量太多，可以通过灵敏度分析将一些对目标不敏感的设计变量删除。然而，大型结构灵敏度分析的效率很低，不适用于工程应用。

结构，特别是航空和航天复合材料柔性结构[157]的动态特性优化是为了提高主振动模态固有频率和减小结构质量。在工程中，往往要求在体积不变的情况下，提高主振动模态固有频率。西北工业大学的赵宁等[158]将结构动态特性与形状优化结合起来，提出了叶片-轮盘类型结构的动态特性形状优化设计新方法，在满足频率条件、稳定性和刚度等动态指标的前提下，使得结构的经济性能、工艺性能和使用性能达到最优。文献[159]通过合理选择设计变量、状态变量和目标函数来建立优化模型，对机枪结构的动态性能进行优化，使武器的设计频率与机枪整体结构的固有频率更加合理，从而提高了武器的设计精度。李小刚等[160]综合考虑机械结构材料特性参数

第6章 基于子结构平均单元能量的结构动态特性优化方法

的不确定性和结构动态特性，建立了以机械结构动态特性指标的均值和方差为优化目标，以及以机械结构变形量为约束的机械结构动态特性稳健优化数学模型，并通过邻域培植遗传算法和双层更新的 Kriging 模型获得该问题的所有 Pareto 最优解；文献[161]以均匀分布的加强筋的倾斜角度和尺寸为设计变量，对其最大化临界屈曲载荷的静态特征和多个固有频率最大的动态特征进行优化，所得结果对等分布的加强筋结构振动与噪声控制有重要参考价值。文献[162]对新型的喷釉机器手进行结构动态特性分析，发现了其主振动频率及主振动模态，并提出一种改进措施，使得结构刚度增加而最大形变减小。文献[163]根据无参数扰动时的最优解，通过泰勒展开式外推扰动获得新的最优解，并且同时给出设计结果和灵敏度曲线，从而可以提高工程技术员对优化设计的可信性，促进优化技术的推广。文献[164]通过瑞利商法对板结构和梁结构因质量重心位置变化而引起的结构动态特性改变的灵敏度问题进行求解，其求解过程中需要反复求解特征值。文献[165]通过模态分析检测获得了结构薄弱区域，并基于瑞利商法获得了结构可以承受的来自各种可能受力条件下的强度，从而使得结构强度近似各向同性。文献[166]以制动器要改变的动态特性参数与目标值差的平方和为目标函数，通过灵敏度分析确定设计变量，并根据实际情况和经验确定设计变量的变化范围，得到的优化结果改变了制动器支架子结构关键节点处的振型幅值，而且消除了系统耦合不稳定模态。

综上所述，目前对结构动态特性优化的研究均集中在针对不同类型的结构优化问题提出不同的解决方法方面，而很少涉及如何对一般结构建立更加合理的动态特性优化模型，以进一步改善优化的鲁棒性。因此，本章从结构动态特性优化模型的合理性出发，提出一种基于子结构平均单元能量的结构动态特性优化方法。

6.1 结构动态特性优化问题描述

本章的研究对象是结构在允许的最小主振动模态固有频率约束下的体积最小问题，或者在允许的最大体积约束下的主振动模态固有频率最大化问题，或者在保持体积不变约束下的主振动模态固有频率最大化问题，其对应优化模型分别如下：

$$\begin{cases} \min V(\boldsymbol{X}) \\ \text{s.t.} \quad \det(\boldsymbol{K} - \omega^2 \boldsymbol{M}) = 0 \\ \text{s.t.} \quad \omega_1(\boldsymbol{X}) \geqslant \omega_0 \\ \text{s.t.} \quad \boldsymbol{X}_l \leqslant \boldsymbol{X} \leqslant \boldsymbol{X}_u \end{cases} \tag{6.1}$$

$$\begin{cases} \max \omega_1 \\ \text{s.t.} \quad V(\boldsymbol{X}) \leqslant V_0 \\ \text{s.t.} \quad \det(\boldsymbol{K} - \omega^2 \boldsymbol{M}) = 0 \\ \text{s.t.} \quad \boldsymbol{X}_l \leqslant \boldsymbol{X} \leqslant \boldsymbol{X}_u \end{cases} \tag{6.2}$$

$$\begin{cases} \max \omega_1 \\ \text{s.t.} \quad V(\boldsymbol{X}) = V_0 \\ \text{s.t.} \quad \det(\boldsymbol{K} - \omega^2 \boldsymbol{M}) = 0 \\ \text{s.t.} \quad \boldsymbol{X}_l \leqslant \boldsymbol{X} \leqslant \boldsymbol{X}_u \end{cases} \tag{6.3}$$

式中，V 为结构体积；V_0 为结构初始体积；$\boldsymbol{X}$ 为设计变量向量；$\boldsymbol{K}$ 为总刚度矩阵；$\boldsymbol{M}$ 为总质量矩阵；ω_1 为主振动模态固有频率；ω_0 为结构所允许的最小主振动模态固有频率；$\boldsymbol{X}_l$ 为设计变量向量的下限；$\boldsymbol{X}_u$ 为设计变量向量的上限。

在结构优化中，通常在建立优化模型时，需要考虑哪些量是设计变量，其取值范围是多少。对于设计变量的选取，往往通过传统的灵敏度分析法来分析哪些参数的改变对目标值影响比较大，哪些参数的改变几乎不影响目标值，从而将影响大的参数作为设计变量之一；设计变量的取值通常是根据经验、几何允许量、物理允许量等确定的，往往是取尽可能大的范围，但这样会给优化器带来极大挑战，同时要耗费很多时间，所以，如何确定设计变量及如何确定其取值范围非常重要。本章从子结构平均单元能量的角度出发选择设计变量及确定其取值范围。

6.2 结构平均单元能量

结构动态特性优化是以结构的固有频率、振型或某些局部点（范围）的动态响应作为目标函数或约束条件，通过优化方法达到预期的设计目标，最终使结构达到最优性能。以结构的固有频率、振型或某些局部点（范围）的动态响应作为目标函数或约束函数，其本质是一样的，均是为了降低结构的动态响应水平。

6.2.1 影响结构动态特性的因素

对于受简谐激励力的结构，其有限元动力学方程可表示为

$$M\ddot{X} + C\dot{X} + KX = \begin{bmatrix} 00 \cdots F_j \cdots 00 \end{bmatrix}^{\mathrm{T}} \sin(\omega t) \tag{6.4}$$

式中，M 为质量矩阵；K 为刚度矩阵；C 为阻尼矩阵；F_j 为坐标 j 的外力幅值；ω 为简谐激励力的频率。结构在 k 点的动态响应可近似表示为

$$X_k = \frac{u_{jr}u_{kr}}{C_r}\frac{\sqrt{M_r}}{\sqrt{K_r}}F_j \tag{6.5}$$

式中，u_{jr}、u_{kr} 分别为第 r 阶特征向量的第 j、k 个元素；M_r 为模态质量矩阵；K_r 为模态刚度矩阵；C_r 为模态阻尼矩阵。

$$M_r = u_r^T M u_r, \quad K_r = u_r^T K u_r, \quad C_r = u_r^T C u_r \tag{6.6}$$

式 (6.5) 可写为

$$X_k = \frac{u_{jr}u_{kr}}{C_r \omega_{nr}}F_j \tag{6.7}$$

式中，ω_{nr} 为结构的第 r 阶固有频率。从式 (6.7) 可以看出，要减小结构的动态响应，可增大与之相应的固有频率和阻尼。影响阻尼的因素很多，如结构的连接方式、相互运动接触面的润滑油特性。当结构加工完成后，可通过调节接触压力等来增加阻尼。因此，下面主要通过修改结构参数来增加固有频率，从而减小结构的动态响应。

6.2.2 平均单元能量分析

假设用 ϕ_r 表示第 r 阶特征向量，则式 (6.7) 可写成

$$X_k = \frac{\phi_{jr}\phi_{kr}}{C_r \omega_{nr}}F_j \tag{6.8}$$

选择 ϕ_r 使得其满足 $\phi_{jr}\phi_{kr} = 1$，那么式 (6.8) 变为

$$X_k = \frac{1}{C_r \omega_{nr}}F_j \tag{6.9}$$

式中，$C_r = \phi_r^T C \phi_r$。将式 (6.9) 对任意物理参数 q 求微分得

$$\frac{\partial X_k}{\partial q} = -\frac{F_j}{C_r^2 \omega_{nr}^2}\left(C_r \frac{\partial \omega_{nr}}{\partial q} + \omega_{nr}\frac{\partial C_r}{\partial q}\right) \tag{6.10}$$

式中（见文献[167]），

$$\frac{\partial \omega_{nr}}{\partial q} = -\frac{1}{2\omega_{nr}M_r}\left(\omega_{nr}^2 \boldsymbol{\phi}_r^{\mathrm{T}}\frac{\partial \boldsymbol{M}}{\partial q}\boldsymbol{\phi}_r - \boldsymbol{\phi}_r^{\mathrm{T}}\frac{\partial \boldsymbol{K}}{\partial q}\boldsymbol{\phi}_r\right) \quad (6.11)$$

$$\frac{\partial \boldsymbol{C}_r}{\partial q} = 2\boldsymbol{\phi}_r^{\mathrm{T}}\frac{\partial \boldsymbol{\phi}_r}{\partial q} \quad (6.12)$$

$$\frac{\partial \boldsymbol{\phi}_r}{\partial q} = \sum_{m=1}^{N}\alpha_m \boldsymbol{\phi}_m \quad (6.13)$$

$$\alpha_m = -\frac{1}{2M_r}\boldsymbol{\phi}_r^{\mathrm{T}}\frac{\partial \boldsymbol{M}}{\partial q}\boldsymbol{\phi}_r \quad (m=r) \quad (6.14)$$

将式（6.13）代入式（6.12）得

$$\frac{\partial \boldsymbol{C}_r}{\partial q} = -\frac{\boldsymbol{C}_r}{M_r}\boldsymbol{\phi}_r^{\mathrm{T}}\frac{\partial \boldsymbol{M}}{\partial q}\boldsymbol{\phi}_r \quad (6.15)$$

将式（6.11）、式（6.15）代入式（6.10）得

$$\frac{\partial X_k}{\partial q} = -\frac{F_j}{C_r M_r \omega_{nr}^3}\left(\frac{1}{2}\boldsymbol{\phi}_r^{\mathrm{T}}\frac{\partial \boldsymbol{K}}{\partial q}\boldsymbol{\phi}_r - \frac{3}{2}\omega_{nr}^2\boldsymbol{\phi}_r^{\mathrm{T}}\frac{\partial \boldsymbol{M}}{\partial q}\boldsymbol{\phi}_r\right) \quad (6.16)$$

选择特征向量 $\boldsymbol{u}_r$，使其与质量矩阵 $\boldsymbol{M}$ 正交。假设

$$\boldsymbol{\phi}_r = \rho \boldsymbol{u}_r \quad (6.17)$$

式中，ρ 为常数。将式（6.17）代入式（6.16），令 $\beta_r = \dfrac{\rho^2 F_j}{M_r C_r \omega_{nr}^3}$，可得

$$\frac{\partial X_k}{\partial q} = -\beta_r\left(\frac{1}{2}\boldsymbol{u}_r^{\mathrm{T}}\frac{\partial \boldsymbol{K}}{\partial q}\boldsymbol{u}_r - \frac{3}{2}\omega_{nr}^2 \boldsymbol{u}_r^{\mathrm{T}}\frac{\partial \boldsymbol{M}}{\partial q}\boldsymbol{u}_r\right) \quad (6.18)$$

物理参数 q 可以为弹簧刚度、质量、梁截面积及板的厚度等。在本章，q 表示子结构的体积 V_s，那么式（6.18）变为

$$\frac{\partial X_k}{\partial V_s} = -\beta_r\left(\frac{1}{2}\boldsymbol{u}_r^{\mathrm{T}}\frac{\partial \boldsymbol{K}}{\partial V_s}\boldsymbol{u}_r - \frac{3}{2}\omega_{nr}^2 \boldsymbol{u}_r^{\mathrm{T}}\frac{\partial \boldsymbol{M}}{\partial V_s}\boldsymbol{u}_r\right) \quad (6.19)$$

假设

$$E_r = \frac{1}{2} \boldsymbol{u}_r^{\mathrm{T}} \boldsymbol{K} \boldsymbol{u}_r, \quad T_r = \frac{1}{2} \omega_{nr}^2 \boldsymbol{u}_r^{\mathrm{T}} \boldsymbol{M} \boldsymbol{u}_r \quad (6.20)$$

将式（6.20）代入式（6.19）得

$$\frac{\partial \boldsymbol{X}_k}{\partial V_s} = -\beta_r \frac{\partial (E_r - 3T_r)}{\partial V_s} \quad (6.21)$$

式中，E_r 为子结构的体积应变能；T_r 为子结构的动能；V_s 为子结构的体积；β_r 为正的常数。在式（6.21）中，$\dfrac{\partial (E_r - 3T_r)}{\partial V_s}$ 表示平均单元能量，包括平均单元体积应变能和平均单元动能。从式（6.21）可以看出，动态响应关于子结构体积的偏导数与平均单元能量成正比，平均单元能量越大，动态响应就越敏感。

6.3 子结构划分

结构包括连续结构（如连杆、活塞等）和离散结构（如桁架结构等）。对于结构优化问题而言，优化模型至关重要，而优化模型包括设计变量及其取值范围、目标函数和约束函数。目前工程技术人员均从工程需求出发来确定目标函数和约束函数，并根据连续结构的几何特征、几何元素之间的关系，以及参数化的可能性来综合确定设计变量。当设计变量数量较多时，可以采用灵敏度分析方法删除对目标函数不敏感的设计变量，从而减少设计变量的数量，但是这样做很耗时。对于规模较大的结构来说，对其进行灵敏度分析非常复杂，而且保留的设计变量的取值范围完全靠工程技术人员的经验来确定，往往选取尽可能大的取值范围，以确保不会丢失某些重要的值。

对子结构进行平均单元能量分析可以初步确定设计变量的数量及设

第 6 章　基于子结构平均单元能量的结构动态特性优化方法

变量的取值范围。其首先要解决的问题是划分子结构。若是连续结构，可以根据工作条件、结构形状及可参数化性等来对其划分，然后再根据每个子结构的具体结构特点进一步确定其设计变量。如图 6.1 所示的平面结构，根据其几何形状及可参数化性，即平面结构顶部包括 4 个参数、中部包括 1 个矩形孔、底部包括 1 个矩形孔，可将其划分为 3 个子结构，即 Sub_1、Sub_2、Sub_3，每个子结构均有自己的特点。Sub_1 有 5 个设计变量（A_1、B_1、C_1、D_1、E_1），Sub_2 有 4 个设计变量（A_2、B_2、C_2、D_2），Sub_3 有 4 个设计变量（A_3、B_3、C_3、D_3）。经过子结构平均单元能量分析，可以确定哪些设计变量可以去掉、哪些设计变量应该将目前的值作为下限、哪些设计变量应该将目前的值作为上限，然后在此基础上建立优化模型，从而在求解过程中提高效率，同时获得更优值。

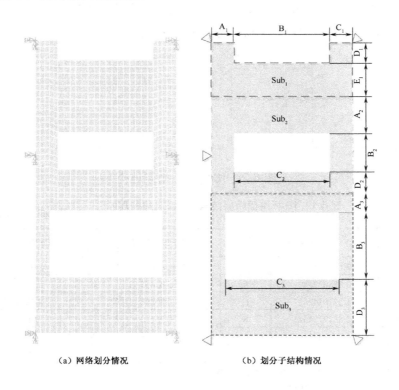

(a) 网络划分情况　　　　(b) 划分子结构情况

图 6.1　平面结构

若是桁架结构，可以将每个杆单元看作一个子结构，计算每个子结构的平均单元体积应变能和平均单元动能，然后将数值相近的杆单元作为一个子结构组，再将每个子结构组的截面积作为一个设计变量，这样求解优化模型可以大大降低优化规模，提高优化效率。如图 6.2 所示的 18 杆平面桁架结构，假如凭经验划分子结构组，其可以分为 5 组，即上面水平单元 1、4、8、12、16 为一组，下面水平单元 6、10、14、18 为一组，竖直单元 3、7、11、15 为一组，向左倾斜单元 5、9、13、17 位一组，向右倾斜单元 2 为一组。将每组杆单元的截面积作为一个设计变量，那么 18 杆平面桁架结构优化问题包含 5 个设计变量。这样就把传统优化方法中的 18 个设计变量转变为 5 个设计变量，从优化的角度来说，大大减少了计算时间。然而，此转变过程没有任何理论依据，其合理性不得而知，而且这 5 个设计变量的取值范围也不明确，需要根据经验来确定。为此，本章从子结构平均单元能量的角度提出了一种方案，如表 6.1 所示。

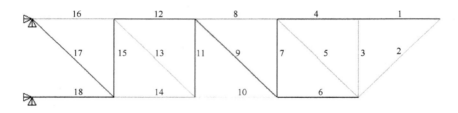

图 6.2 18 杆平面桁架结构

表 6.1 18 杆平面桁架结构 AUVSE-3AUVKE

单位：$10^5 N/m^2$

单元编号	AUVSE-3AUVKE	单元编号	AUVSE-3AUVKE	单元编号	AUVSE-3AUVKE
16	2.610885238	15	02.216582081	7	-2.015095248
18	2.358832640	9	-0.021305455	4	-2.553965162
17	1.227014281	11	-0.490030806	3	-4.224903240
13	0.881719452	8	-0.947135110	1	-4.282229688
12	0.660167530	5	-1.443409146	6	-5.316625814
14	0.580733555	10	-1.910251122	2	-9.178147295

注：AUVSE-3AUVKE 表示平均单元体积应变能-平均单元动能×3；
　　AUVSE 表示平均单元体积应变能；
　　AUVKE 表示平均单元动能。

第6章 基于子结构平均单元能量的结构动态特性优化方法

从图6.3、表6.1可看出，单元1~11的平均单元动能大于其平均单元体积应变能，因此，为了增大其截面积，提高固有频率，可以将单元1~11的截面积作为一个设计变量，并将当前值作为其取值下限；单元12~18的平均单元体积应变能大于平均单元动能，为了减小其截面积，提高固有频率，可以将单元12~18的截面积作为另一个设计变量，并将当前值作为其取值上限。这样就通过平均单元能量分析将18杆平面桁架结构优化问题的设计变量减少为2个，而且其取值范围很明确。

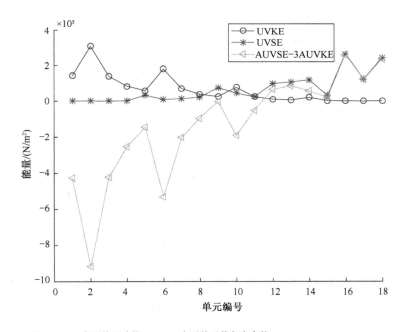

注：UVKE表示单元动能；UVSE表示单元体积应变能。

图6.3 18杆平面桁架平均单元能量

6.4 基于子结构平均单元能量的结构动态特性优化方法的实施

桁架结构或包括多个子结构的连续结构的动态特性优化包含较多的设计变量，导致其灵敏度分析十分耗时，因此，本章提出基于子结构平均单元能量的结构动态特性优化方法，其流程如图6.4所示，具体步骤如下。

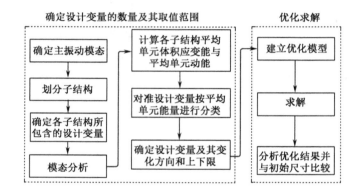

图 6.4 优化流程

（1）根据振动响应确定结构的主振动模态。一般情况下，将前几阶模态作为主振动模态。在实际工程中，可以根据结构实际受力及测试分析来确定主振动模态。

（2）对整体结构进行子结构划分。连续结构和桁架结构的子结构划分方法请参考 6.3 节。

（3）确定子结构的尺寸变化方向。当整个结构以某个主振动模态振动时，计算每个子结构的平均单元体积应变能和平均单元动能，并决定如何修改设计变量。对于平均单元体积应变能较大而平均单元动能较小的子结构，其所包含的设计变量向刚度增加的方向变化；对于平均单元体积应变能较小而平均单元动能较大的子结构，其所包含的设计变量向刚度减小的方向变化。

（4）建立优化模型。建立主振动模态固有频率最大且质量不超过原结构质量等三种优化模型，并调用基于梯度的优化器求解。在优化模型中，设计变量的取值范围是动态的：当子结构的平均单元体积应变能比较大时，该子结构的尺寸下限为原子结构的尺寸，上限可根据几何结构的可行性确定；当子结构的平均单元动能较大时，该子结构的尺寸上限为原子结构的尺寸，下限也可根据几何结构的可行性确定。但是，当子结构达到非常小的尺寸时，可以考虑彻底删除该子结构。

6.5　124杆桁架结构优化设计

图 6.5 中的 124 杆桁架结构有 49 个铰链、94 个自由度。弹性模量 E=207GPa，泊松比 ν=0.3，密度 ρ=7850kg/m^3，杆的截面积为 0.645×10^{-4}m^2。将每根杆作为一个单元，则其共有 124 个单元（见图 6.5）。优化目标是在体积（质量）不增加的前提下，尽量增大第一固有频率，或者在第一固有频率不减小的情况下，尽量减小体积（质量），或者在体积不变的情况下，尽量增大第一固有频率。

6.5.1　采用本章所提方法进行优化

表 6.2 为 124 杆桁架结构 AUVSE-3AUVKE。假设第 1 阶模态为主振动

模态，将每个杆作为一个子结构，通过式（6.21）求出每个子结构的平均单元能量（见图 6.6），然后将其从大到小排序，并将平均单元能量在同一数量级的子结构分为一组，即把它们的截面积作为设计变量，这样就得到 5 个设计变量，并且平均单元能量较大的设计变量的几何尺寸应该增大，即其当前值是设计变量的下限；平均单元能量较小的设计变量的几何尺寸应该减小，即其当前值是设计变量的上限，具体如表 6.3 所示。

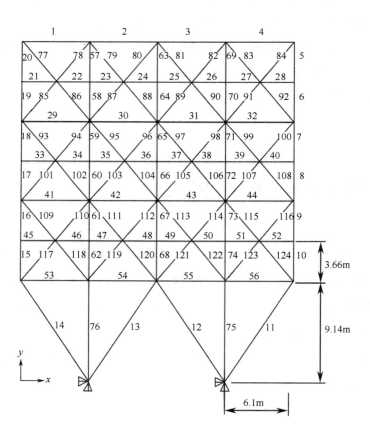

图 6.5　124 杆桁架结构

第6章　基于子结构平均单元能量的结构动态特性优化方法

表6.2　124杆桁架结构 AUVSE-3AUVKE

单位：10^5N/m^2

单元编号	AUVSE-3AUVKE	单元编号	AUVSE-3AUVKE	单元编号	AUVSE-3AUVKE
13	1.995681	118	−0.14293	43	−0.30156
12	1.995681	123	−0.14293	42	−0.30156
75	1.004119	47	−0.14657	9	−0.3024
76	1.004119	50	−0.14657	16	−0.3024
119	0.151567	111	−0.15893	104	−0.30601
122	0.151567	114	−0.15893	105	−0.30601
120	0.117884	51	−0.17714	109	−0.31775
121	0.117884	46	−0.17715	116	−0.31775
55	0.091938	49	−0.19118	41	−0.33812
54	0.091938	48	−0.19119	44	−0.33812
62	0.01785	10	−0.20472	66	−0.35825
74	0.01785	15	−0.20472	60	−0.36338
11	0.017374	117	−0.22319	72	−0.36338
14	0.017374	124	−0.22319	102	−0.39546
61	−0.07991	67	−0.24108	107	−0.39546
73	−0.07991	110	−0.24655	101	−0.42178
112	−0.11867	115	−0.24655	108	−0.42178
113	−0.11867	45	−0.26607	37	−0.42553
53	−0.12188	52	−0.26607	36	−0.42555
56	−0.12188	103	−0.29328	35	−0.43275
68	−0.14158	106	−0.29328	38	−0.43275
8	−0.44317	29	−0.62666	21	−0.8077
17	−0.44317	32	−0.62666	28	−0.8077
96	−0.45839	88	−0.6369	80	−0.81498
97	−0.45839	89	−0.6369	81	−0.81498
39	−0.45992	87	−0.6475	63	−0.81658
34	−0.45995	90	−0.6475	79	−0.82792
95	−0.48588	64	−0.6488	82	−0.82792
98	−0.48588	58	−0.67198	57	−0.84017
65	−0.4948	70	−0.67198	69	−0.84017
33	−0.49966	86	−0.68611	78	−0.85555
40	−0.49966	91	−0.68611	83	−0.85555
59	−0.5015	85	−0.72281	77	−0.89311
71	−0.5015	92	−0.72281	84	−0.89311
94	−0.51883	25	−0.73337	3	−0.91282

续表

单元编号	AUVSE-3AUVKE	单元编号	AUVSE-3AUVKE	单元编号	AUVSE-3AUVKE
99	−0.51883	24	−0.73341	2	−0.91282
93	−0.56995	23	−0.74452	5	−0.91574
100	−0.56995	26	−0.74452	20	−0.91574
31	−0.57727	6	−0.74851	1	−0.96264
30	−0.57727	19	−0.74851	4	−0.96264
7	−0.58002	27	−0.7705		
18	−0.58002	22	−0.77054		

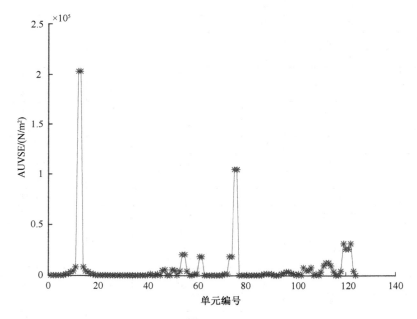

（a）平均单元体积应变能

图 6.6　124 杆桁架结构的平均单元能量

第6章 基于子结构平均单元能量的结构动态特性优化方法

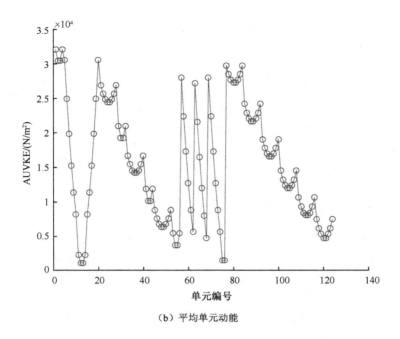

（b）平均单元动能

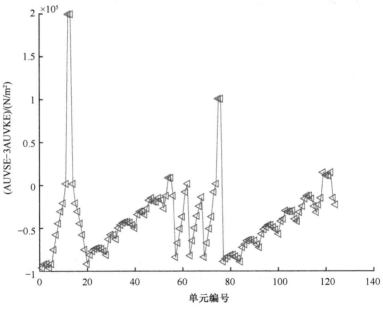

（c）平均单元体积应变能-平均单元动能×3

图 6.6 124 杆桁架结构的平均单元能量（续）

表6.3 设计变量选定情况

设计变量	单元编号	下 限	上 限
X_{DV1}（4个）	12、13、75、76	0.645e-4	0.645e-3
X_{DV2}（6个）	54、55、119～122	0.645e-4	0.645e-3
X_{DV3}（4个）	11、14、62、74	0.645e-4	0.645e-3
X_{DV4}（57个）	8～10、15～17、34～39、41～53、56、60、61、66～68、72、73、95～98、101～118、123、124	0	0.645e-4
X_{DV5}（53个）	1～7、18～33、40、57～59、63～65、69～71、77～94、99、100	0	0.645e-4

按照式（6.1）、式（6.2）的优化模型进行优化，获得的结果如图6.7和表6.4、表6.5所示。可以看出，无论是以式（6.1）还是以式（6.2）为优化模型，都能很好地收敛。以体积最小为目标的优化，其体积减小92.74%；以第一固有频率最大为目标的优化，其第一固有频率增大了143.38%，效果明显。该优化模型的健壮性非常好，优化过程不受初始条件的影响，说明本章提出的选择设计变量及确定其取值范围的方法是正确有效的。

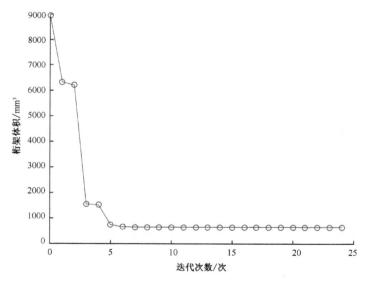

(a) 以体积最小为目标且以第一固有频率为约束

图6.7 采用本章所提方法得到的优化结果

第6章 基于子结构平均单元能量的结构动态特性优化方法

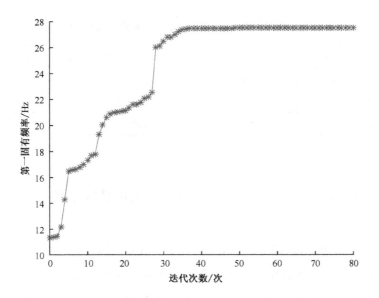

（b）以第一固有频率最大为目标且以体积为约束

图 6.7 采用本章所提方法得到的优化结果（续）

表 6.4 采用两种模型优化得到的设计变量（一）

单位：$10^{-5}\mathrm{m}^2$

设计变量	式（6.1）对应的优化模型		式（6.2）对应的优化模型	
	初始值	最优值	初始值	最优值
X_{DV1}	6.45000000	6.45000497	6.45000000	64.37565467
X_{DV2}	6.45000000	6.45000640	6.45000000	20.20888033
X_{DV3}	6.45000000	6.45000678	6.45000000	6.46305520
X_{DV4}	6.45000000	0.00511895	6.45000000	0.44175131
X_{DV5}	6.45000000	0.00000225	6.45000000	0.00655862

表 6.5 采用两种模型优化得到的目标值和耗时（一）

式（6.1）对应的优化模型		式（6.2）对应的优化模型	
最小体积/mm³	651.46982437	最大频率/Hz	27.54793635
耗时/s	331.417	耗时/s	1148.788
初始体积/mm³	8972.596	初始频率/Hz	11.31876

6.5.2 基于几何特征和经验确定设计变量及其取值范围

如果采用传统方法将桁架结构的 124 个单元按照几何特征分为如表 6.6 所示的 6 组，并将每组单元作为一个设计变量，分别以式（6.1）和式（6.2）为优化模型进行求解，结果如图 6.8 和表 6.7、表 6.8 所示。可以看出，以体积最小为目标的优化，其体积减小了 88.12%；以第一固有频率最大为目标的优化，其第一固有频率增大了 150.38%。

表 6.6 124 杆桁架设计变量分组情况

设计变量	对应的单元
X_{DV1}(向左倾斜，24 个单元)	77、79、81、83、86、88、90、92、93、95、97、99、102、104、106、108、109、111、113、115、118、120、122、124
X_{DV2}(向右倾斜，24 个单元)	78、80、82、84、85、87、89、91、94、96、98、100、101、103、105、107、110、112、114、116、117、119、121、123
X_{DV3}(水平长杆，16 个单元)	1~4、29~32、41~44、53~56
X_{DV4}(水平短杆，24 个单元)	21~28、33~40、45~52
X_{DV5}(竖直短杆，30 个单元)	5~10、15~20、57~74
X_{DV6}(支架杆，6 个单元)	11~14、75、76

第 6 章 基于子结构平均单元能量的结构动态特性优化方法

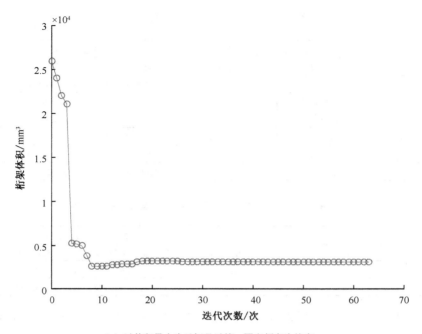

（a）以体积最小为目标且以第一固有频率为约束

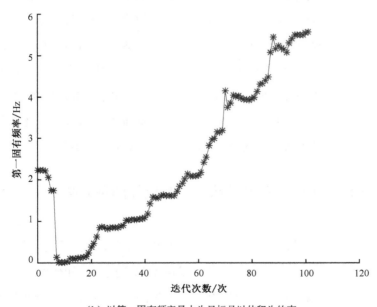

（b）以第一固有频率最大为目标且以体积为约束

图 6.8 采用传统方法得到的优化结果

表 6.7 采用两种模型优化得到的设计变量（二）

单位：$10^{-5}m^2$

设计变量	式（6.1）对应的优化模型		式（6.2）对应的优化模型	
	初始值	最优值	初始值	最优值
X_{DV1}	6.45000000	6.45000135	6.45000000	6.49858160
X_{DV2}	6.45000000	6.45000139	6.45000000	6.49911855
X_{DV3}	6.45000000	6.45000157	6.45000000	6.50380443
X_{DV4}	6.45000000	0.03744709	6.45000000	0.13842305
X_{DV5}	6.45000000	5.23031807	6.45000000	6.43493111
X_{DV6}	6.45000000	6.45000321	6.45000000	26.3291247

表 6.8 采用两种模型优化得到的目标值和耗时（二）

式（6.1）对应的优化模型		式（6.2）对应的优化模型	
最小体积/mm³	3082.97542727	最大频率/Hz	5.5679342
耗时/s	902.212	耗时/s	1200.012
初始体积/mm³	25954.04	初始频率/Hz	2.223775

对于采用本章所提方法进行优化得到的结果，仅从变化百分比来看，并看不出本章所提方法的优势，然而，如果从变化百分比、优化迭代过程及优化结果三方面综合来看，本章所提方法的优化结果明显好。就优化结果而言，本章所提方法得到的最小体积为 651.46982437mm³，传统方法得到的为 3082.97542727mm³，后者是前者的 4.7323 倍；本章所提方法得到的最大第一固有频率为 27.54793635Hz，传统方法得到的为 5.5679342Hz，前者是后者的 4.9476 倍，并且后者以第一固有频率最大为目标的优化迭代过程收敛性非常差。综合来看，本章所提方法在优化中非常有效。

6.5.3 采用式（6.3）的优化模型寻优比较两种方法

在工程中，有时在体积不变的情况下要求主振动模态固有频率达到最大，式（6.3）正是这个要求的表达。采用本章所提方法和传统方法分别对式（6.3）进行求解并进行比较，所得结果如图 6.9、表 6.9 和表 6.10 所示。为了增强可比性，两种方法采用相同的优化配置，包括初始值、收敛精度等。从图 6.9（a）可以看出，本章所提方法在第 24 次迭代时得到的第一固

第 6 章　基于子结构平均单元能量的结构动态特性优化方法

有频率为 27.08437Hz，已经非常接近最优解 27.45954Hz 了；而传统方法没有收敛，由于设计变量的变化已经小于收敛精度，其迭代停止。因此，在这种情况下，再比较迭代次数和耗时已经没有意义了。本章所提方法在体积保持不变的前提下，将第一固有频率提高了 423.27%，并得到第 55 次迭代时的约束违约比为 $7.841 \times 10^{-15} \mathrm{mm}^3$，由此可说明本章所提方法的正确性和高效性。

表 6.9　采用两种方法优化得到的设计变量

单位：$10^{-5} \mathrm{m}^2$

设计变量	本章所提方法		传统方法	
	初始值	最优值	初始值	最优值
X_{DV1}	6.45000000	64.49734549	6.45000000	7.08958470
X_{DV2}	6.45000000	24.99877391	6.45000000	7.79082535
X_{DV3}	6.45000000	6.44079153	6.45000000	7.03782795
X_{DV4}	6.45000000	0.48945591	6.45000000	2.66241225
X_{DV5}	6.45000000	0.00722838	6.45000000	6.44668309
X_{DV6}			6.45000000	6.35036798

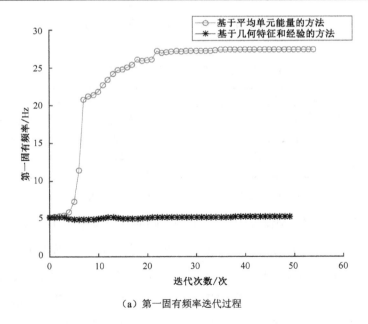

(a) 第一固有频率迭代过程

图 6.9　以体积为约束且以第一固有频率最大为目标的优化迭代过程

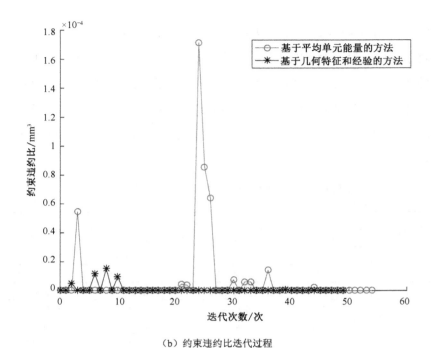

(b) 约束违约比迭代过程

图 6.9　以体积为约束且以第一固有频率最大为目标的优化迭代过程（续）

表 6.10　采用两种方法优化得到的目标值和耗时

本章所提方法		传统方法	
最大频率/Hz	27.45954	最大频率/Hz	5.2725135
迭代次数/次	55	迭代次数/次	50
耗时/s	647.8536	耗时/s	721.915
初始频率/Hz	5.24767	初始频率/Hz	5.24767

从本章的理论分析来看，因为 X_{DV1}、X_{DV2} 所对应的子结构的平均单元体积应变能比较大，因此，为了减小动态响应，应该增加 X_{DV1} 和 X_{DV2} 所对应的子结构的几何尺寸。从表 6.9 可看出，这两个设计变量确实增加了，与理论分析一致。X_{DV4}、X_{DV5} 所对应的子结构的平均单元动能比较大，为了减小动态响应，应该减小其所对应子结构的几何尺寸。从表 6.9 可看出，理论分析与实际计算一致。X_{DV3} 单元的平均单元体积应变能与平均单元动能

第 6 章　基于子结构平均单元能量的结构动态特性优化方法

很接近，因此，可将其用于体积不变的约束优化。从表 6.9 中可看出，这也是合理的。

6.6　本章小结

本章根据平均单元体积应变能和平均单元动能与结构动态响应的关系，将由一定数量单元及几何特征组成的子结构作为设计变量，然后根据平均单元体积应变能比较大的子结构需要增加几何尺寸，而平均单元动能比较大的子结构需要减小几何尺寸的理论，将设计变量的取值范围大大缩小，最终提高了结构动态特性优化的性能，并获得以下结论：

（1）平均单元体积应变能和平均单元动能的大小可以用来判断单元或子结构（多个单元集合）对结构整体动态响应的贡献，从而确定设计变量及其取值范围。比如对 124 杆桁架结构，将平均单元体积应变能在一个数量级的单元作为一组，设为一个设计变量，其取值范围以初始值为界限，X_{DV1}、X_{DV2} 对应子结构的尺寸需要增大；X_{DV3} 对应子结构可以保持，甚至可以删除；X_{DV4}、X_{DV5} 对应子结构的尺寸需要减小。

（2）以体积最小为优化目标，以第一固有频率不减小为约束条件，优化后可能得到的体积非常小，同时第一固有频率并没有减小。然而，该结构在实际中可承受的载荷很小，这几乎没有意义。如最小体积为 651.46982437mm^3 时，124 杆桁架结构截面积最小为 2.25×10^{-11}mm^2；而以第一固有频率最大为优化目标，以体积不变为约束条件，可以获得更加合理的优化结果。如 124 杆桁架结构截面积最小为 7.22838×10^{-8}mm^2 时，其主振动模态固有频率提高了 423.27%。

（3）结构动态特性优化模型是优化收敛及获得合理优化结果的关键因素，采用基于子结构平均单元能量方法建立的优化模型进行优化能很好地收敛且优化结果合理，而传统方法很难收敛。

第 7 章
基于节点里兹势能主自由度的结构动态缩减方法

对复杂结构进行动力学分析需要计算大量自由度模型，但施加的高频激励力要求计算步长非常小，这样会导致计算耗时指数级增加。为了提高计算效率，可在保证一定精度的情况下，用少量自由度模型代替大量自由度模型，即模型缩减。所谓模型缩减是通过一定的变换，将对总体结构动力学分析影响较小的次自由度用对总体结构动力学分析影响较大的少量自由度表示，从而达到减少自由度的目的。其中，少量自由度就是主自由度。然而，如何从庞大的自由度中选择主自由度，目前在结构动力学领域仍属极具挑战的问题。不过，学术界目前提出了一些选择主自由度的原则，最具代表性的有：①将结构振动方向定为主自由度；②在质量或转动惯量相对较大而刚度又相对较小的位置选择主自由度；③在施加力或非零位移的位置选择主自由度。这些原则仅仅是指导思想，在具体选择主自由度时，随意性较大。主自由度的位置和数目直接影响模态分析，缩减质量矩阵的精度。序列元素消除法[168]是选择主自由度最有效的方法，其将结构质量矩阵与刚度矩阵的对角线元素中的较大者作为主自由度。Matta 等[169]调整剩余的自由度，用来补偿每个已消除的自由度的影响。罗虹等[170]提出两种选择主自由度的方法，并以单层悬臂梁为对象分析了这两种方法的特点和适

第 7 章 基于节点里兹势能主自由度的结构动态缩减方法

用范围。刘孝保等[171]对多种主自由度选择方案进行了分析研究,表明结构静态缩减模态分析中误差的最大影响因素是主自由度数量和分布,特别是主自由度分布。包学海等[172]以转向架为分析对象,提出了选取主自由度的部分准则。

在选择主自由度后,接下来就是模型缩减。最早的模型缩减方法是 Guyan[173]提出的,称为 Guyan 缩减法,也称静态缩减法。该方法忽略了自由度相关的惯性项和阻尼项,把质量矩阵、刚度矩阵、状态向量和载荷向量均分为主自由度和次自由度两个部分,然后经过矩阵变换,用包含主自由度的部分表示包含次自由度的部分。考虑惯性项后就产生了改进的模型缩减方法,其通过 Guyan 缩减法获得惯性项,所得结果与整体结构模态更加接近[174,175]。在模态叠加法中,所求的需要叠加的模态与载荷完全没有关系,但实质上,有些模态可能有很小的贡献,因此,可以考虑用里兹向量叠加,因为里兹向量更能体现结构的动态特性[176,177]。文献[178]从用主自由度表示次自由度的思想出发,提出了动态缩减的一种新方法。针对 Guyan 缩减法的不足,文献[179]提出了改进的思路并推导了相关公式。文献[142]则将里兹向量叠加与静态子结构法结合起来,形成了用于动力学分析的子结构法。在工程结构损伤识别中,文献[180]应用逐级近似模型缩聚法,采用改进 Guyan 递推缩聚法的一级缩聚模型获得了识别精度最高的结果。文献[181,182]用结构各阶模态的 DC 增益作为价值判断的准则,将模态截止并实现模型缩减。Rixena 等[183]提出了用低阶多项式或分段拉格朗日乘子多项式来连接独立的动态缩减子模型,并提出了一种基于瑞利-里兹法的光滑化方法。

通过文献分析可以看出,目前对结构动态缩减法及对其影响最大的主自由度的选择方法均进行了大量研究,然而,一直没有一种确切的、精度高的主自由度选择方法。基于此,本章提出一种基于节点里兹势能主自由度的结构动态缩减方法:首先利用里兹向量与结构自身动态特性及结构所承受的载荷分布形态相关联的特点，定义了节点里兹势能，并在此基础上给出了加权系数的计算公式；然后将节点里兹势能与加权系数点乘获得了节点里兹势能向量，并以其为依据选择主自由度；最后用改进的动态缩减法获得了小规模的结构动力方程并对其求解。

7.1 节点里兹势能计算及主自由度选择

模态叠加法是计算结构动态响应的一种有效方法，其利用振型的正交性将动力学方程解耦，然后分别求解每个方程后再将其叠加。然而，在参与计算的模态中，有些对动态响应影响较小，因为振型与结构所受载荷分布方式无任何关系。里兹向量是一组正交的、与载荷空间分布有关的向量，是通过初始响应与质量矩阵归一化处理并正交化获得的，能够反映惯性力的影响。里兹向量的构造过程如下。

首先通过对 M 进行归一化处理来获得初始向量 x_1，如式（7.1）所示。

$$Kx_1^* = M_{ii}, \quad x_1^{\mathrm{T}} M x_1 = 1 \qquad (7.1)$$

然后如式（7.2）所示构造迭代式。

$$x_{i+1} = \tilde{x}_{i+1} / \sqrt{\tilde{x}_{i+1}^{\mathrm{T}} M \tilde{x}_{i+1}} \qquad (7.2)$$

式中，

$$\tilde{x}_{i+1} = x_{i+1}^* - \sum_{j=1}^{i} c_{ji} \cdot x_j \qquad (7.3)$$

$$c_{ji} = x_j^{\mathrm{T}} M x_{i+1}^* \ (j=1,2,\cdots,i) \qquad (7.4)$$

$$x_{i+1}^* = K^{-1} M x_i \qquad (7.5)$$

里兹向量与模态向量是相对应的。在前 k 阶里兹向量里分别取

$p_1, p_2, \cdots, p_k$ 个最大里兹向量分量对应的自由度，将其组合并删除重合项，就获得了最终的主自由度，这称为基于里兹向量的主自由度选择方法。

节点里兹势能是指将模态空间转换到里兹向量空间，用里兹向量与节点自由度质量向量点乘后得到的势能向量。将质量矩阵每一行元素求和，作为结构有限元节点自由度质量。选取节点里兹势能较大的分量对应的自由度作为主自由度。然而，这样做会过分强调低阶频率，并忽略高阶频率，因此，可以通过定义加权系数来解决计算结果过分集中于低阶频率的问题。节点里兹势能的计算公式如下：

$$\boldsymbol{P}_{\text{Ritz}}^i = w_N^i \left\{ x_i \sum_{j=1}^n \boldsymbol{M}_{ij} \right\}_i \quad (i=1,2,\cdots,n) \tag{7.6}$$

式中，w_N^i 为加权系数，表示如下：

$$w_N^i = \left(\frac{x_i}{x_{\max}} \right)^2 \tag{7.7}$$

7.2 构造缩减系统

线性有限元结构的特征值问题可表示为

$$\boldsymbol{K}\boldsymbol{\varphi} = \omega^2 \boldsymbol{M}\boldsymbol{\varphi} \tag{7.8}$$

式中，$\boldsymbol{K}$ 为 n 阶刚度矩阵；$\boldsymbol{M}$ 为 n 阶质量矩阵；ω 为固有频率；$\boldsymbol{\varphi}$ 为特征向量。式（7.8）可以分解为

$$\begin{bmatrix} \boldsymbol{K}_{\text{pp}} & \boldsymbol{K}_{\text{ps}} \\ \boldsymbol{K}_{\text{sp}} & \boldsymbol{K}_{\text{ss}} \end{bmatrix} \begin{bmatrix} \boldsymbol{\varphi}_{\text{p}} \\ \boldsymbol{\varphi}_{\text{s}} \end{bmatrix} = \omega^2 \begin{bmatrix} \boldsymbol{M}_{\text{pp}} & \boldsymbol{M}_{\text{ps}} \\ \boldsymbol{M}_{\text{ps}} & \boldsymbol{M}_{\text{ss}} \end{bmatrix} \begin{bmatrix} \boldsymbol{\varphi}_{\text{p}} \\ \boldsymbol{\varphi}_{\text{s}} \end{bmatrix} \tag{7.9}$$

式中，$\boldsymbol{\varphi}_{\text{p}}$ 为主自由度对应的特征向量；$\boldsymbol{\varphi}_{\text{s}}$ 为次自由度对应的特征向量；下

标 p 表示主自由度对应的量；下标 s 表示次自由度对应的量。

$$\begin{bmatrix} \varphi_p \\ \varphi_s \end{bmatrix} = T\varphi_p \tag{7.10}$$

$$\bar{M} = T^T M T, \quad \bar{K} = T^T K T \tag{7.11}$$

式中，$\bar{M}$ 为缩减质量矩阵；$\bar{K}$ 为缩减刚度矩阵；T 为转换矩阵。

结构稳态简谐响应可表示为

$$\left(\begin{bmatrix} K_{pp} & K_{ps} \\ K_{sp} & K_{ss} \end{bmatrix} - \Omega^2 \begin{bmatrix} M_{pp} & M_{ps} \\ M_{ps} & M_{ss} \end{bmatrix} \right) \begin{bmatrix} x_p \\ x_s \end{bmatrix} = \begin{bmatrix} f_p \\ f_s \end{bmatrix} \tag{7.12}$$

式中，Ω 为简谐激励力频率；f_p、f_s 为激励力。

如果 $f_s = 0$，从式（7.12）可以获得精确的缩减关系：

$$x_s = \left(I - \Omega^2 K_{ss}^{-1} M_{ss} \right)^{-1} \left(-K_{ss}^{-1} K_{sp} + \Omega^2 K_{ss}^{-1} M_{sp} \right) x_p \tag{7.13}$$

应用二项式定理将式（7.13）展开并省略 Ω 二阶以上的项，可得

$$x_s = \left[-K_{ss}^{-1} K_{sp} + \Omega^2 \left(K_{ss}^{-1} K_{sp} - K_{ss}^{-1} M_{ss} K_{ss}^{-1} K_{sp} \right) \right] x_p \tag{7.14}$$

当 $\Omega = 0$ 时，

$$x_s = \left[-K_{ss}^{-1} K_{sp} \right] x_p \tag{7.15}$$

那么，静态缩减转换矩阵为

$$T_{stat} = \begin{bmatrix} I \\ -K_{ss}^{-1} K_{sp} \end{bmatrix} \tag{7.16}$$

应用以下近似来消除 Ω：

$$\Omega^2 x_p = D_{stat} x_p \tag{7.17}$$

$$D_{stat} = \left(T_{stat}^T M T_{stat} \right)^{-1} \left(T_{stat}^T K T_{stat} \right) \tag{7.18}$$

$$x_s = \left[-K_{ss}^{-1} K_{sp} + \left(K_{ss}^{-1} K_{sp} - K_{ss}^{-1} M_{ss} K_{ss}^{-1} K_{sp} \right) D_{stat} \right] x_p \tag{7.19}$$

$$T_{\text{IRS}} = \begin{bmatrix} I \\ -K_{ss}^{-1}K_{sp} + \left(K_{ss}^{-1}K_{sp} - K_{ss}^{-1}M_{ss}K_{ss}^{-1}K_{sp}\right)D_{\text{stat}} \end{bmatrix} \qquad (7.20)$$

7.3 基于节点里兹势能主自由度的结构动态缩减方法的实施

图 7.1 所示为基于节点里兹势能主自由度的结构动态缩减方法的流程，其实施步骤如下：

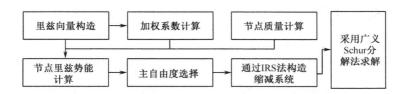

图 7.1 基于节点里兹势能主自由度的结构动态缩减方法流程

步骤 1：构造里兹向量。通过式（7.1）～式（7.5）构造里兹向量。第一个里兹向量通过将质量矩阵对角线元素和刚度矩阵逆矩阵相乘，并将结果与质量矩阵归一化处理来获得。

步骤 2：计算节点里兹势能。节点里兹势能是节点质量与里兹向量对应分量的乘积，表示结构动态特性的贡献率，较大者贡献大，较小者贡献小，可将此作为选择主自由度的依据。然而，这样做过分强调低阶频率，可通过定义加权系数来提高高阶频率的精度。

步骤 3：主自由度选择。通过式（7.6）计算节点里兹势能，选择其分量较大者作为主自由度。

步骤 4：构造缩减系统。通过 IRS 法，在静态缩减法的基础上，考虑结构惯性力。结构惯性力能使模态结果与完整模型的模态更加逼近。式（7.20）是最重要的转换矩阵，式（7.8）～式（7.19）为其推导过程。

步骤 5：采用广义 Schur 分解法[184]求解。对任意 n 阶矩阵 A，存在一个酉矩阵 U，使得 $U'AU$ 成为上三角矩阵，且该上三角矩阵的对角线元素为 A 的特征值。可利用该性质进行缩减系统求解。

7.4 算例分析

7.4.1 圆柱曲板

圆柱曲板的半径为 100mm，高为 100mm，两侧端固定，如图 7.2 所示。弹性模量为 0.3MPa，泊松比为 0.3，密度为 0.01kg/m^3。其采用 SHELL63 单元进行网格划分，共获得 216 个单元、247 个节点、1326 个自由度。

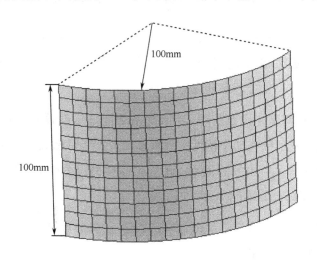

图 7.2 圆柱曲板几何参数

第 7 章 基于节点里兹势能主自由度的结构动态缩减方法

分别基于里兹向量法和节点里兹势能法选择主自由度，并将与主自由度相连的单元显示出来，如图 7.3 所示。其中，颜色较深的为主自由度对应的单元。从图 7.3 可以看出，基于里兹向量法选择的主自由度过于向结构中心集中，这是过分强调低阶频率的一个重要表现；而基于节点里兹势能法选择的主自由度大部分也集中在结构中心，但有一部分主自由度向两侧扩散，这可能是提高高阶频率的一个重要表现。

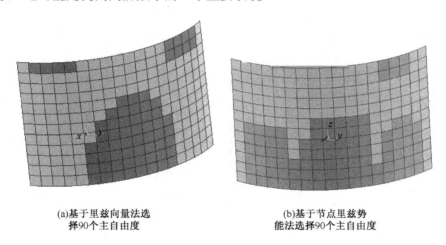

(a)基于里兹向量法选
择90个主自由度

(b)基于节点里兹势
能法选择90个主自由度

图 7.3 圆柱曲板选择主自由度对应的单元

从图 7.4 可以看出，在主自由度数相同的情况下，随机选择主自由度相对误差太大；基于里兹向量法选择主自由度误差非常小，在前 30 阶模态中，其最大相对误差不超过 10%；基于节点里兹势能法选择主自由度误差最小，在前 30 阶模态中，最大相对误差为 3%。表 7.1 是圆柱曲板不同计算方法对应的固有频率，从中可以看出基于节点里兹势能法选择主自由度的优势。

表 7.1 圆柱曲板不同计算方法对应的固有频率（400 个主自由度）

单位：Hz

模态	有限元法	随机选择主自由度	基于里兹向量法选择主自由度	基于节点里兹势能法选择主自由度
1	0.59439	0.608297	0.594624	0.594481
2	1.133841	1.338447	1.13791	1.134192

续表

模态	有限元法	随机选择主自由度	基于里兹向量法选择主自由度	基于节点里兹势能法选择主自由度
3	1.259661	1.506213	1.264697	1.260535
4	1.883711	2.268897	1.902101	1.888879
5	2.055321	3.999968	2.069269	2.057616
6	3.018213	4.850695	3.04936	3.034848
7	3.172743	5.279688	3.220343	3.204381
8	3.874757	5.398658	3.927064	3.900816
9	4.009897	6.861606	4.1114	4.036825
10	4.058296	7.205445	4.217862	4.110223
11	4.367097	7.263573	4.495803	4.405929
12	5.33462	8.256798	5.463962	5.367649
13	5.346844	8.478391	5.490919	5.420106
14	5.401595	8.576859	5.581511	5.475155
15	5.694042	9.204615	5.837194	5.73556
16	5.825517	9.715332	6.052567	5.86783
17	6.077534	10.07672	6.246831	6.150666
18	6.088874	10.60426	6.400604	6.192861
19	6.973236	11.05647	7.117503	7.026188
20	6.979689	11.37669	7.192666	7.089496
21	6.984391	11.59571	7.29423	7.136528
22	7.115922	12.17989	7.456346	7.181199
23	7.52813	13.35639	7.970673	7.712625
24	7.940124	13.66132	8.190527	8.07034
25	8.021933	13.79795	8.216696	8.097347
26	8.029208	14.10109	8.348083	8.148769
27	8.032694	14.64628	8.535974	8.203182
28	8.045502	15.4377	8.585916	8.259124
29	8.210619	15.87574	8.718633	8.29726
30	8.225382	15.95854	8.812292	8.377638

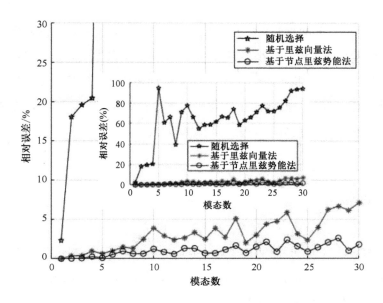

图 7.4 圆柱曲板不同主自由度选择方法所得结果的相对误差比较

从图 7.5 可以看出，在基于节点里兹势能选择主自由度时，随着主自由度数量的增加，结构模态的相对误差越来越小。当有 450 个主自由度时，

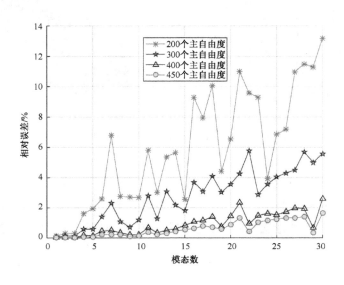

图 7.5 圆柱曲板不同主自由度数计算结果的相对误差比较

前 30 阶模态的相对误差最大不超过 2%。另外，在主自由度数量增加的同时，结构模态相对误差减小得越来越慢，450 个主自由度时的相对误差大约是全部自由度时的相对误差的 1/3。如果继续增加主自由度数量，虽然可以继续减小相对误差，然而对于工程应用来说，意义不大，因此，在使用本章所提方法时，只要相对误差满足精度即可。

7.4.2 曲轴

曲轴轴径为 6mm，曲柄直径为 4mm，曲柄长为 4mm，曲轴总长为 34mm，两端固定，如图 7.6 所示。弹性模量为 210GPa，泊松比为 0.3，密度为 7850kg/m³。其采用 SOLID92 单元进行网格划分，共获得 1022 个单元、2127 个节点、6231 个自由度。

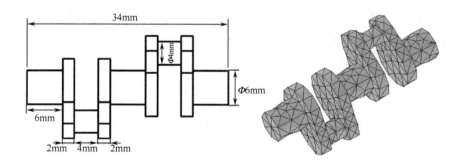

图 7.6　曲轴几何参数

图 7.7 是两种方法选择的 500 个主自由度对应的单元（颜色较深的单元），从中可以看出，基于里兹向量法选择的主自由度集中在结构中部，而基于节点里兹势能法选择的主自由度从中部向两端扩散，而且非常明显。

第 7 章　基于节点里兹势能主自由度的结构动态缩减方法

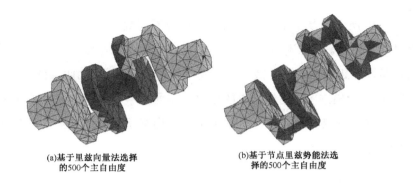

(a)基于里兹向量法选择
的500个主自由度

(b)基于节点里兹势能法选
择的500个主自由度

图 7.7　两种方法选择的 500 个主自由度对应的单元

图 7.8 是分别采用随机选择、基于里兹向量法和基于节点里兹势能法选择 1800 个主自由度，并用 IRS 法构造缩减系统，然后求解获得的曲轴模态相对误差。从中可以看出，随机选择主自由度不可行；基于节点里兹势能法选择主自由度所得的结果相对误差最小，在前 30 阶模态中，其最大相对误差不超过 10%；基于里兹向量法选择主自由度虽然优于随机选择，但在前 30 阶的相对误差中，其最大相对误差超过 20%。

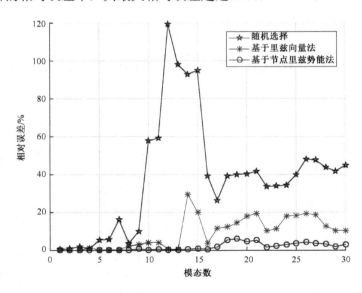

图 7.8　不同的选择主自由度的方法计算所得结果的相对误差比较

图 7.9 所示为基于节点里兹势能法选择不同数量的主自由度的计算结果相对误差比较。从图中可知,随着主自由度数量的不断增加,结构模态的相对误差不断减小,但是减小的幅度越来越小。当主自由度数量为 2000 时,在前 30 阶模态中,结构模态的相对误差最大不超过 5%。表 7.2 所示为不同计算方法对应的固有频率,从中可以看出基于节点里兹势能法选择主自由度的优势。

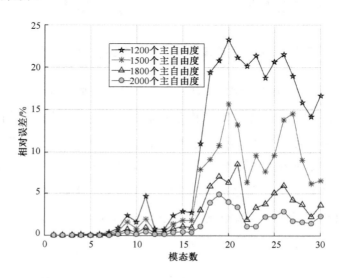

图 7.9 基于节点里兹势能法选择不同数量的主自由度的计算结果相对误差比较

表 7.2 不同计算方法对应的固有频率（1800 个主自由度） 单位：Hz

模态	有限元法	随机选择主自由度	基于里兹向量法选择主自由度	基于节点里兹势能法选择主自由度
1	9.620462085	9.66577909	9.628837946	9.620549
2	10.2180491	10.3012917	10.21818102	10.21808
3	13.70441518	13.97628862	13.70600513	13.70458
4	19.31236713	19.45734276	19.60232902	19.3143
5	19.91358906	21.02136738	19.93880641	19.91457
6	31.18347662	32.9809545	31.27716915	31.18691
7	35.37322826	41.0925088	35.42700862	35.38305
8	40.71213282	42.20387261	41.63158519	40.77333
9	41.04879096	45.21231666	42.23270455	41.09888

续表

模态	有限元法	随机选择主自由度	基于里兹向量法选择主自由度	基于节点里兹势能法选择主自由度
10	42.00932615	66.2696177	43.68778218	42.07653
11	42.25161951	67.36207042	43.86639523	42.3005
12	49.98903469	109.7676844	50.27384058	50.03157
13	56.31305125	111.6456385	56.55015089	56.35574
14	61.00519708	117.7396863	79.08624849	61.17104
15	66.30235979	129.2743599	81.7511321	66.47433
16	95.95488279	133.79121	99.7605438	96.21729
17	109.6136173	138.8162823	122.4226632	110.8421
18	109.7362901	152.7806326	123.1270051	111.5437
19	109.9528969	154.1525155	126.1898216	115.298
20	111.9381668	157.197504	131.8098396	115.5989
21	115.6522049	164.0177176	137.5171505	116.2616
22	126.709621	169.4128793	139.690564	128.0151
23	127.3607058	170.6447539	141.7406596	128.1126
24	131.7677294	177.2383768	155.2585013	134.3963
25	132.732499	185.9291271	156.7316567	134.9403
26	133.1165426	197.2350036	158.9077245	135.9264
27	137.1949958	202.6391901	162.1654423	138.0203
28	146.3973183	210.5770249	165.5240438	147.8184
29	151.2814255	214.7553653	167.2064854	153.4004
30	152.6245558	221.0713768	168.3372615	154.3122

7.5 本章小结

本章通过里兹向量法和节点里兹势能法选择主自由度，并采用 IRS 法构造缩减系统，最后应用广义 Schur 分解法求解。另外，通过圆柱曲板和曲轴两个实例分析，说明了基于节点里兹势能法选择主自由度方法的有效性，并获得以下结论：

(1) 将模态空间转换到里兹向量空间,可以用很少的几个里兹向量捕捉到非常精确的动态特性。由于其过分强调低阶频率,需要通过进一步定义加权系数来提高高阶频率的精度。

(2) 节点里兹势能法比里兹向量法能捕捉到更加合适的主自由度,从而能更好地反映结构动态特性,在同等条件下,能获得更高的精度,可为下一步进行高效的动态响应优化奠定基础。

(3) 在结构缩减中,主自由度数量一般选为总自由度数量的 1/3 比较合适。如圆柱曲板总自由度数量为 1326,取 450 个主自由度计算即可获得前 30 阶模态相对误差不超过 2%的精度;曲轴总自由度数量为 6231,取 2000 个主自由度计算即可获得前 30 阶模态相对误差不超过 5%的精度。

参考文献

[1] Fu M C. Optimization via simulation: A review[J]. Annals of Operations Research, 1994, 53 (1): 199-247.

[2] Boesel J, Bowden R O, Glover F, et al. Future of simulation optimization[C]. Simulation Conference, 2001. Proceedings of the Winter. IEEE, 2001: 1466-1469.

[3] Azadivar F. Simulation optimization methodologies[C]. Simulation Conference Proceedings. IEEE, 1999: 93-100.

[4] Tran D M. Component mode synthesis methods using partial interface modes: Application to tuned and mistuned structures with cyclic symmetry[J]. Computers & Structures, 2009, 87 (17): 1141-1153.

[5] Craig R R. A brief tutorial on substructure analysis and testing[C]. Proceedings of the 18th IMAC Conference on Computational Challenges in Structural Dynamics, 2000, 1 (2): 899-908.

[6] Bouhaddi N, Lombard J P. Improved free-interface substructures representation method[J]. Computers & Structures, 2000, 77(3): 269-283.

[7] Tran D M. Méthodes de synthèse modale mixtes[J]. Rev Eur Eléments Finis, 1992, 1 (2): 137-179.

[8] Benfield W, Hruda R F. Vibration analysis of structures by component

mode substitution[J]. AIAA Journal, 1971, 9 (7): 1255-1261.

[9] Hurty W C. Vibrations of structural systems by component mode synthesis[J]. Transactions of the American Society of Civil Engineers, 1960, 126(1): 157-175.

[10] Yan Y J, Cui P L, Hao H N. Vibration mechanism of a mistuned bladed-disk[J]. Journal of Sound & Vibration, 2008, 317 (1-2): 294-307.

[11] Shanmugam A, Padmanabhan C. A fixed－free interface component mode synthesis method for rotordynamic analysis[J]. Journal of Sound & Vibration, 2006, 297 (3): 664-679.

[12] 张焰, 马峰, 宋俊, 等. 子结构法在快速解析复杂频率响应模型中的应用[J]. 汽车技术, 2017 (8): 59-62.

[13] 高鹏飞, 毛虎平, 杨育光, 等. 基于子结构法的活塞温度分布及机械应力分析[J]. 机械设计与研究, 2017, 33 (4): 163-166.

[14] 高鹏飞,毛虎平,杨育光,等. 子结构法在活塞结构优化中的应用[J]. 组合机床与自动化加工技术, 2017 (3): 10-13.

[15] 刘波,董小瑞,潘翠丽,等. 面向局部特征优化的参数化设计方法[J]. 制造业自动化, 2014, 36 (13): 132-135.

[16] 李芸. 子结构技术在大底盘双塔连体结构中的应用[D]. 西安: 西安建筑科技大学, 2016.

[17] 柴国栋, 王顺慧, 柴国强. 基于子结构法的电子设备模态分析[J]. 机械强度, 2015, 37 (4): 790-792.

[18] 张明明, 赵建华, 张瑞波. 基于子结构的柴油机曲轴有限元建模方法研究[J]. 小型内燃机与车辆技术, 2015, 44 (4): 27-31, 96.

[19] 丁阳, 李浩, 师燕超, 等. 基于子结构的钢框架结构抗连续倒塌性能快速评估方法[J]. 建筑结构学报, 2014, 35 (6): 109-114.

[20] 丁晓红, 赵新芳, 王海华, 等. 基于子结构的构件逐步逼近拓扑优化

方法研究[J]. 汽车工程, 2014, 36 (5): 638-642.

[21] 张盛, 白杨, 尹进, 等. 多重多级子结构方法与模态综合法的对比研究[J]. 应用数学和力学, 2013, 34 (2): 118-126.

[22] 张帆, 刚宪约, 柴山, 等. 基于载荷等效和子结构法的客车复合工况拓扑优化方法[J]. 机械设计, 2013, 30 (3): 62-67.

[23] 李志刚, 楚玉川, 郑峰. 基于子结构方法的高架铁路浮桥的有限元分析[J]. 解放军理工大学学报 (自然科学版), 2013, 14 (3): 277-282.

[24] 毛虎平, 高鹏飞, 秦健健. 基于局部特征子结构方法的连续结构优化[J]. 计算机集成制造系统, 2018, 24 (8): 2079-2087.

[25] 毛虎平, 吴义忠, 陈立平. 基于多领域仿真的 SQP 并行优化算法[J]. 中国机械工程, 2009, 20 (15): 1823-1829.

[26] Jeong J, Baek S, Cho M. Dynamic condensation in a damped system through rational selection of primary degrees of freedom [J]. Journal of Sound & Vibration, 2012, 331 (7): 1655-1668.

[27] Kim K O, Choi Y J. Energy method for selection of degrees of freedom in condensation [J]. Aiaa Journal, 2000, 38 (7): 1253-1259.

[28] Cho M, Kim H. Element-based node selection method for reduction of eigenvalue problem [M]// Mathematical and Numerical Aspects of Wave Propagation WAVES, 2003. Berlin Heidelberg: Springer, 2003: 1677-1684.

[29] Zienkiewicz O C, Campbell J S. Optimum structural design [M]. Newjersey: John Wiley & Sons, 1973.

[30] Barthelemy B, Chen C T, Haftka R T. Sensitivity approximation of the static structural response[C]. In First World Congress on Computational Mechanics, Austin, TX, 1986.

[31] Pauli P, Gengdong C, John R. On accuracy problems for semi-analytical sensitivity analyses[J]. Mechanics of Structures & Machines, 1989, 17

(3): 373-384.

[32] Olhoff N, Rasmussen J. Study of inaccuracy in semi-analytical sensitivity analysis-a model problem[J]. Structural & Multidisciplinary Optimization, 1991, 3 (4): 203-213.

[33] Cheng G, Olhoff N. Rigid body motion test against error in semi-analytical sensitivity analysis[J]. Computers & Structures, 1993, 46 (3): 515-527.

[34] Boer H D, Keulen F V. Refined semi-analytical design sensitivities[J]. International Journal of Solids & Structures, 2000, 37(46-47): 6961-6980.

[35] Oral S. A Mindlin plate finite element with semi-analytical shape design sensitivities[J]. Computers & Structures, 2000, 78 (1): 467-472.

[36] Cho M, Kim H. A refined semi-analytic design sensitivity based on mode decomposition and Neumann series[J]. International Journal for Numerical Methods in Engineering, 2004, 62 (62): 19-49.

[37] Kang B S, Park G J, Arora J S. A review of optimization of structures subjected to transient loads[J]. Structural & Multidisciplinary Optimization, 2006, 31 (31): 81-95.

[38] 张艳岗, 毛虎平, 等. 动态应力解空间谱元离散的关键时间点识别方法[J]. 机械工程学报, 2014, 50 (5): 82-84.

[39] 张艳岗, 毛虎平, 等. 基于结构势能原理的动态载荷等效静态转化方法[J]. 北京理工大学学报, 2014, 34 (5): 454-459.

[40] 毛虎平, 董小瑞, 郭保全, 等. 面向所有节点等效静态载荷的模态叠加法的结构动态响应优化[J]. 计算机辅助设计与图形学学报, 2017, 29 (9): 1759-1766.

[41] 张艳岗, 毛虎平, 苏铁熊, 等. 基于全局动态应力解空间谱单元插值的关键时间点识别[J]. 中国机械工程, 2016, 27 (5): 688-693.

[42] Patera A T. A spectral element method for fluid dynamics: laminar flow in

a channel expansion[J]. Journal of Computational Physics,1984,54(3):468-488.

[43] Bueno-Orovio A,Pérez-García V M. Spectral smoothed boundary methods: The role of external boundary conditions[J]. Numerical Methods for Partial Differential Equations,2010,22(2):435-448.

[44] Kurdi M H,Beran P S. Spectral element method in time for rapidly actuated systems[J]. Journal of Computational Physics,2008,227(3):1809-1835.

[45] 毛虎平,吴义忠,陈立平. 基于时间谱元法的动态响应优化[J]. 机械工程学报,2010,46(16):79-87.

[46] Henderson R D,Karniadakis G E. Unstructured spectral element methods for simulation of turbulent flows[M]. Salt Lake:Academic Press Professional,Inc. 1995.

[47] Pathria D,Karniadakis G E. Spectral element methods for elliptic problems in nonsmooth domains[J]. Journal of Computational Physics,1995,122(1):83-95.

[48] Hesthaven J S,Gottlieb D. A stable penalty method for the compressible navier-stokes equations. I. Open Boundary Conditions[J]. Siam Journal on Scientific Computing,2015,20(1):62-93.

[49] Priolo E,Seriani G. A numerical investigation of Chebyshev spectral element method for acoustic wave propagation[C]. Proc. Imacs Conf. on Comp. Appl. Math,1991:551-556.

[50] 毛虎平,乔文元,郭保全,等. 聚集单元谱元法在承受冲击载荷结构动态分析中的应用[J]. 噪声与振动控制,2016,36(6):45-50.

[51] 毛虎平,刘晓洁,尤国栋,等. 任意载荷振动问题分析的切比雪夫谱元法[J]. 机械设计,2017(10):49-55.

[52] 毛虎平,王伟能,续彦芳,等. 非线性振动分析的切比雪夫谱元法[J]. 噪

声与振动控制，2015，35（1）：73-77.

[53] 毛虎平，苏铁熊，李建军. 基于逐步时间谱元法的结构动态响应仿真[J]. 中北大学学报（自然科学版），2013（4）：424-430.

[54] 毛虎平，苏铁熊，李建军. 多元模型自适应与时间谱元法结合的动态优化[J]. 计算机辅助设计与图形学学报，2013，25（11）：1725-1734.

[55] Thomas J I. The finite element method-linear static and dynamic finite element analysis [M]. NewJersey：Prentice-Hall，lnc.，1987.

[56] Niordson F I. On the optimal design of a vibrating beam（Supported beam analysis for finding best possible tapering optimizing highest natural frequency for lowest mode of lateral vibration[J]. Quarterly of Applied Mathematics，1965，23：47-53.

[57] Cassis J H，Schmit L A. Optimum structural design with dynamic constraints[J]. Journal of the Structural Division，1976，102（10）：2053-2071.

[58] Wang D，Zhang W H，Jiang J S. Truss optimization on shape and sizing with frequency constraints[J]. AIAA journal，2004，42（3）：622-630.

[59] 秦健健，毛虎平. 基于多岛遗传算法的柴油机连杆结构优化设计[J]. 机械设计与制造，2017（4）：218-221.

[60] Lin J H，Che W Y，Yu Y S. Structural optimization on geometrical configuration and element sizing with statical and dynamical constraints[J]. Computers & Structures，1982，15（5）：507-515.

[61] Pantelides C P，Tzan S R. Optimal design of dynamically constrained structures[J]. Computers & structures，1997，62（1）：141-149.

[62] Min S，Kikuchi N，Park Y C，et al. Optimal topology design of structures under dynamic loads[J]. Structural optimization，1999，17(2-3)：208-218.

[63] Du J，Olhoff N. Minimization of sound radiation from vibrating bi-material structures using topology optimization[J]. Structural and

Multidisciplinary Optimization,2007,33(4-5):305-321.

[64] 毛虎平,吴义忠,李建军,等. 时间谱元法在动态响应优化中的应用[J]. 振动工程学报,2013(3):395-403.

[65] 毛虎平. 基于仿真模型的动态响应优化方法[M]. 北京:电子工业出版社,2014.

[66] Gu L. A comparison of polynomial based regression models in vehicle safety analysis[C]. Proc. 2001 ASME design engineering technical conferences-design automation conference,Pittsburgh,2001:196-121.

[67] 邹林君,吴义忠,毛虎平. Kriging 模型的增量构造及其在全局优化中的应用[J]. 计算机辅助设计与图形学学报,2011,23(4):649-655.

[68] Mao H P,Wu Y Z,Chen L P. Multivariate adaptive regression splines based simulation optimization using move-limit strategy[J]. Journal of Shanghai University(English Edition),2011,15(6):542-547.

[69] Jin R,Chen W,Sudjianto A. An efficient algorithm for constructing optimal design of computer experiments[J]. Journal of Statistical Planning & Inference,2003,134(1):268-287.

[70] 徐跃进. 齿轮箱中齿轮故障的振动分析与诊断[J]. 机械设计,2009,26(12):68-71.

[71] Weaver Jr W,Timoshenko S P,Young D H. Vibration problems in engineering[M]. Newjersey:John Wiley & Sons,1990.

[72] 林伟军. 弹性波传播模拟的 Chebyshev 谱元法[J]. 声学学报,2007,32(6):525-533.

[73] 张瑾,王国平,芮筱亭. 基于摄动传递矩阵法的随机参数系统振动分析[J]. 机械设计,2015(10).

[74] 张飞鹏,郭俊义. 关于切比雪夫配点法解算常微分方程的一些研究[J]. 中国科学院上海天文台年刊,1998(19):6-15.

[75] 李淑萍. 机械振动数值分析的重心插值配点法[D]. 济南：山东大学，2007.

[76] 王兆清,李淑萍,唐炳涛,等. 脉冲激励振动问题的高精度数值分析[J]. 机械工程学报，2009，45（1）：288-292.

[77] Orszag S A. Numerical methods for the simulation of turbulence[J]. Physics of Fluids（1958-1988），2004，12（12）：II-250-II-257.

[78] Guo B. Spectral methods and their applications[M]. Sing Apare：World Scientific，1998.

[79] Canuto C，Hussaini M Y，Quarteroni A，et al. Spectral methods：evolution to complex geometries and applications to fluid dynamics[M]. Berlin：Springer，2007.

[80] Komatitsch D, Tromp J. Introduction to the spectral element method for three-dimensional seismic wave propagation[J]. Geophysical Journal International, 1999，139（3）：806-822.

[81] Deville M O，Fischer P T，Mund E H. High-order methods for incompressible fluid flow[M]. Combridge Cambridge University Press，2002.

[82] Zhu W，Kopriva D A. A spectral element approximation to price European options II [J]. Journal of Scientific Computing，2009，39（3）：323-339.

[83] Taylor M, Tribbia J, Iskandarani M. The spectral element method for the shallow water equations on the sphere[J]. Journal of Computational Physics, 1997, 130(1): 92-108.

[84] Bar-Yoseph P Z，Fisher D，Gottlieb O. Spectral element methods for nonlinear temporal dynamical systems[J]. Computational mechanics，1996，18（4）：302-313.

[85] Zrahia U，Bar-Yoseph P Z. Space-time spectral element method for solution of second-order hyperbolic equations[J]. Computer methods in

applied mechanics and engineering, 1994, 116 (1): 135-146.

[86] Pozrikidis C. Introduction to finite and spectral element methods using matlab[M]. Chapman and Hall/CRC, 2005.

[87] Parter S V. On the Legendre-Gauss-Lobatto points and weights[J]. Journal of Scientific Computing, 1999, 14 (4): 347-355.

[88] Zhao J M, Liu L H. Solution of radiative heat transfer in graded index media by least square spectral element method[J]. International Journal of Heat and Mass Transfer, 2007, 50 (13): 2634-2642.

[89] 肖锋, 谌勇, 马超, 等. 橡胶蜂窝覆盖层水下爆炸响应及抗冲击性能[J]. 噪声与振动控制, 2013 (4): 44-49.

[90] 王贡献, 沈荣瀛. 起重机臂架在起升冲击载荷作用下动态特性研究[J]. 机械强度, 2005, 27 (5): 561-566.

[91] 唐进元, 彭方进, 黄云飞. 冲击载荷下的齿轮动应力变化规律数值分析[J]. 振动与冲击, 2009, 28 (8): 138-143.

[92] 李永强, 宦强. 基于 Ansys 的冲击载荷下蜂窝夹芯板的动力学响应[J]. 东北大学学报: 自然科学版, 2015, 36 (6): 858-862.

[93] Kurdi M H, Beran P S. Optimization of dynamic response using a monolithic-time formulation[J]. Structural and Multidisciplinary Optimization, 2009, 39 (1): 83-104.

[94] 闻邦椿, 李以农, 徐培民, 等. 工程非线性振动[M]. 北京: 科学出版社, 2007.

[95] Orszag S A. Numerical methods for the simulation of turbulence[J]. Phys Fluids Suppl II, 1969, 12 (12): II-250-II-257.

[96] Guo B. Spectral methods and their applications[M]. Singapore: World Scientific, 1998.

[97] Boyd J P. Chebyshev and Fourier spectral methods[M]. New York: Courier

Dover Publications, 2013.

[98] Valenciano J, Chaplain M A J. A laguerre-legendre spectral-element method for the solution of partial differential equations on infinite domains: Application to the diffusion of tumour angiogenesis factors[J]. Mathematical and Computer Modelling, 2005, 41 (10): 1171-1192.

[99] High-order methods for incompressible fluid flow[M]. Cambridge: Cambridge University Press, 2002.

[100] Zhu W, Kopriva D A. A spectral element approximation to price European options with one asset and stochastic volatility[J]. Journal of Scientific Computing, 2010, 42 (3): 426-446.

[101] Zhu W, Kopriva D A. A spectral element approximation to price European options II[J]. Journal of Scientific Computing, 2009, 39 (3): 323-339.

[102] 李富才, 彭海阔, 孙学伟, 等. 基于谱元法的板结构中导波传播机理与损伤识别[J]. 机械工程学报, 2013, 48 (21): 57-66.

[103] Zhao J M, Liu L H. Least-squares spectral element method for radiative heat transfer in semitransparent media[J]. Numerical Heat Transfer, Part B: Fundamentals, 2006, 50 (5): 473-489.

[104] 林伟军. 弹性波传播模拟的 Chebyshev 谱元法[J]. 声学学报, 2007, 32 (6): 525-533.

[105] 耿艳辉, 秦国良, 王阳, 等. Galerkin 时空耦合谱元法求解声波动方程[J]. 声学学报, 2013, 38 (3): 306-318.

[106] Bar-Yoseph P, Moses E, Zrahia U, et al. Space-time spectral element methods for one-dimensional nonlinear advection-diffusion problems[J]. Journal of Computational Physics, 1995, 119 (1): 62-74.

[107] Zrahia U, Bar-Yoseph P. Space-time spectral element method for solution of second-order hyperbolic equations[J]. Computer Methods in Applied

Mechanics and Engineering, 1994, 116(1-4): 135-146.

[108] Bar-Yoseph P Z, Fisher D, Gottlieb O. Spectral element methods for nonlinear spatio-temporal dynamics of an Euler-Bernoulli beam[J]. Computational Mechanics, 1996, 19（1）: 136-151.

[109] 谷口修. 振动工程大全: 下[M]. 尹传家, 等, 译. 北京: 机械工业出版社, 1986.

[110] 吕中荣, 刘济科. 摆的振动分析[J]. 暨南大学学报（自然科学与医学版）, 1999, 20（1）: 42-45.

[111] 周凯红, 王元勋, 李春植. 微分求积法在单摆非线性振动分析中的应用[J]. 力学与实践, 2003, 25（3）: 50-52.

[112] Wang Q, Arora J S. Alternative formulations for transient dynamic response optimization[J]. Aiaa Journal, 2005, 43（43）: 2188-2195.

[113] Choi D H, Park H S, Kim M S. A direct treatment of min-max dynamic response optimization problems[C]. AIAA-93-1352-CP, 2003.

[114] Park S, Kapania R K, Kim S J. Nonlinear transient response and second-order sensitivity using time finite element method[J]. AIAA Journal, 2012, 37（5）: 613-622.

[115] Choi W S, Park G J. Structural optimization using equivalent static loads at all time intervals[J]. Computer Methods in Applied Mechanics & Engineering, 2002, 191（19）: 2105-2122.

[116] Grandhi R V, Haftka R T, Watson L T. Design-oriented identification of critical times in transient response[J]. AIAA Journal, 1986, 24（4）: 649-656.

[117] Kurdi M, Beran P. Optimization of dynamic response using temporal spectral element method[C]//AIAA Aerospace Sciences Meeting and Exhibit, 2008: 83-104.

[118] Haug E J, Arora J S. Applied optimal design: mechanical and structural

systems[M]. New York: Wiley, 1979.

[119] 薛定宇, 陈阳泉. 高等应用数学问题的 MATLAB 求解[M]. 北京: 清华大学出版社, 2004.

[120] Simpson T W, Poplinski J D, Koch P N, et al. Metamodels for computer-based engineering design: survey and recommendations[J]. Engineering with Computers, 2001, 17 (2): 129-150.

[121] Hsieh C C, Arora J S. Design sensitivity analysis and optimization of dynamic response [J]. Computer Methods in Applied Mechanics & Engineering, 1984, 43 (2): 195-219.

[122] Hsieh C C, Arora J S. A hybrid formulation for treatment of point-wise state variable constraints in dynamic response optimization[J]. Computer Methods in Applied Mechanics and Engineering, 1985, 48: 171-189.

[123] Paeng J K, Arora J S. Dynamic response optimization of mechanical systems with multiplier methods[J]. Journal of Mechanical Design, 1989, 111 (1): 73-80.

[124] Haftka R T, Gürdal Z. Elements of structural optimization[M]. Berlin: Springer Science & Business Media, 1991.

[125] Kang B S, Choi W S, Park G J. Structural optimization under equivalent static loads transformed from dynamic loads based on displacement[J]. Computers & Structures, 2001, 79 (2): 145-154.

[126] Park G J. Analytic methods for design practice[M]. Berlin: Springer Science & Business Media, 2007.

[127] Kang B S, Park G J, Arora J S. A review of optimization of structures subjected to transient loads[J]. Structural and Multidisciplinary Optimization, 2006, 31 (2): 81-95.

[128] Park K J, Lee J N, Park G J. Structural shape optimization using equivalent static loads transformed from dynamic loads[J]. International

journal for numerical methods in engineering, 2005, 63 (4): 589-602.

[129] 戴江璐. 基于目标波形与 ESLMG 的汽车正面抗撞性优化设计方法研究[D]. 长沙: 湖南大学, 2016.

[130] 贺新峰. 基于等效静态载荷和响应面法的搅拌车副车架疲劳设计[D]. 长沙: 湖南大学, 2012.

[131] 陆善彬, 蒋伟波, 左文杰. 基于等效静态载荷法的汽车前端结构抗撞性尺寸和形貌优化[J]. 振动与冲击, 2018(7): 56-61.

[132] 高云凯, 田林雳. 基于等效静态载荷法的车身碰撞拓扑优化[J]. 同济大学学报（自然科学版）, 2017(3): 87-93.

[133] 黄宇涵, 杨志军, 蔡铁根, 等. 基于等效静态载荷法的高速轻载机器人的结构动态优化设计[J]. 工具技术, 2016, 50(4): 27-31.

[134] 张横, 丁晓红, 段朋云. 基于等效静态载荷法的机床溜板箱结构优化[J]. 机械设计, 2016, 33 (1): 55-59.

[135] 黄武龙. 基于等效静态载荷方法的大型复杂结构的轻量化设计[D]. 广州: 广东工业大学, 2013.

[136] 段朋云, 丁晓红. 基于等效静态载荷理论的机床运动部件轻量化设计[J]. 上海理工大学学报, 2015, 37 (6): 583-588.

[137] 芮强, 王红岩, 田洪刚. 基于等效静态载荷法的结构动态优化[J]. 汽车工程, 2014, 36 (1): 61-65.

[138] 李明, 汤文成. 基于等效静态载荷法的区间参数结构可靠性拓扑优化[J]. 计算力学学报, 2014, 31 (3): 297-302.

[139] 张艳岗, 毛虎平, 苏铁熊, 等. 基于能量原理的等效静态载荷法及其在活塞动态优化中的应用[J]. 上海交通大学学报, 2015, 49 (9): 1293-1299.

[140] 张艳岗, 毛虎平, 苏铁熊, 等. 基于关键时间点的能量等效静态载荷法及结构动态响应优化[J]. 机械工程学报, 2016, 52 (9): 151-157.

[141] 陈科昌. 子结构法[J]. 中南公路工程，1980（2）：45-52.

[142] 楼梦麟. 结构动力分析的静态子结构法[J]. 工程力学，1990，7（1）：57-66.

[143] 郑鑫元. 有限元中的子结构法[J]. 热力透平，1991（1）：50-58.

[144] 李元科，胡于进. 滚动轴承空间有限元分析的子结构法[J]. 轴承，1992(3)：2-7.

[145] 兆文忠，顾谦农，于连友. 位移敏度分析的子结构法[J]. 大连交通大学学报，1996（2）：4-8.

[146] 杜家政，笑辉，Namho. 基于子结构的内力约束连续体拓扑优化[J]. 北京工业大学学报，2016，42（12）：1818-1821.

[147] Sui Y，Du J，Guo Y. Independent continuous mapping for topological optimization of frame structures[J]. Acta Mechanica Sinica，2006，22（6）：611-619.

[148] 舒磊，方宗德，董军，等. 汽车子结构的复合域拓扑优化[J]. 汽车工程，2008，30（5）：444-448.

[149] 江浩然，王涛，周惠蒙，等. 基于界面单元的子结构协调技术[J]. 工程力学，2017，34（1）：171-179.

[150] Aminpour M，Ransom J，McCleary S. Coupled analysis of independently modeled finite element subdomains[C]. 33rd. Texas Structures，Structural Dynamics and Materials Conference，1992：2235.

[151] 汪博，孙伟，闻邦椿. 基于阻抗耦合子结构法的电主轴固有特性求解[J]. 计算机集成制造系统，2012，18（2）：422-426.

[152] 张保，孙秦. 基于子结构法的大型结构数值敏度计算技术[J]. 航空工程进展，2014（4）：475-480.

[153] Fonseka M C M. A sub-structure condensation technique in finite element analysis for the optimal use of computer memory[J]. Computers &

structures, 1993, 49 (3): 537-543.

[154] 张帆, 刚宪约, 柴山, 等. 基于载荷等效和子结构法的客车复合工况拓扑优化方法[J]. 机械设计, 2013, 30 (3): 62-67.

[155] 张灶法, 朱壮瑞, 孙凌玉, 等. 白车身动态灵敏度应力分析的等效子结构法[J]. 东南大学学报（自然科学版）, 2001, 31 (2): 39-41.

[156] 王菲, 姜南. 土-结构三维动力分析的线性-非线性混合子结构法[J]. 工程力学, 2012, 29 (1): 155-161.

[157] 顾元宪, 张洪武, 刘书田, 等. 结构布局优化和动态特性优化的方法及应用[J]. 中国科学基金, 1998, 12 (4): 276-278.

[158] 赵宁, 吴立言, 刘更, 等. 叶片-轮盘结构动态特性形状优化设计[J]. 燃气涡轮试验与研究, 1999 (3): 45-47.

[159] 张军挪, 王瑞林, 李永建, 等. 机枪结构动态特性的优化研究[J]. 测试技术学报, 2007, 21 (3): 251-255.

[160] 李小刚, 程锦, 刘振宇, 等. 基于双层更新 Kriging 模型的机械结构动态特性稳健优化设计[J]. 机械工程学报, 2014, 50 (3): 165-173.

[161] Akl W, El-Sabbagh A, Baz A. Optimization of the static and dynamic characteristics of plates with isogrid stiffeners[J]. Finite Elements in Analysis & Design, 2008, 44 (8): 513-523.

[162] Feng H, Zhan Y, Wang X. Dynamic characteristics analysis and structure optimization study of glaze spraying manipulator[C]. MATEC Web of Conferences. EDP Sciences, 2016, 70: 2005.

[163] 孙国正, 张氢. 广义几何规划的灵敏度分析及其在起重机结构优化设计中的应用[J]. 计算机辅助设计与图形学学报, 1993 (4): 297-305.

[164] Oguamanam D C D, Liu Z S, Hansen J S. Natural frequency sensitivity analysis with respect to lumped mass location[J]. Aiaa Journal, 1971, 37 (8): 928-932.

[165] 刘源，刘雪峰，邓建松，等. 基于模态分析的三维模型全局结构优化[J]. 计算机辅助设计与图形学学报，2015（4）：590-596.

[166] 宿新东，管迪华. 利用子结构动态特性优化设计抑制制动器尖叫[J]. 汽车工程，2003，25（2）：167-170.

[167] Yoshimura M. Design sensitivity analysis of frequency response in machine structures[J]. Journal of Mechanical Design，1984，106（1）：119-125.

[168] Ong J H. Improved automatic masters for eigenvalue economization[M]. Amsterdam：Elsevier Science Publishers B. V，1987.

[169] Matta K. Selection of degrees of freedom for dynamic analysis[J]. Journal of Pressure Vessel Technology，1984，109（1）：114.

[170] 罗虹，李军，曹友强，等. 有限元模型动力缩聚中主副自由度选取方法[J]. 机械设计，2010，27（12）：11-14.

[171] 刘孝保，杜平安，乔雪原. 主自由度对子结构静力凝聚模态分析的误差影响研究[J]. 中国机械工程，2011（3）：274-277.

[172] 包学海，池茂儒，杨飞. 子结构分析中主自由度选取方法研究[J]. 机械，2009，36（4）：18-20.

[173] Guyan R J. Reduction of stiffness and mass matrices[J]. Aiaa Journal，1965，3（2）：380-380.

[174] O'Callahan J C. A procedure for an Improved Reduced System（IRS）model[C]. International Modal Analysis Conference，1989.

[175] Gordis J H. An analysis of the Improved Reduced System（IRS）model reduction procedure[C]. International Modal Analysis Conference. 10th International Modal Analysis Conference，1992：471-479.

[176] Wilson E L，Yuan M，Dickens J M. Dynamic analysis by direct superposition of Ritz vector[J]. Earthquake Engineering & Structural Dynamics，1982，10（6）：813-821.

[177] 黄明开, 倪振华, 谢壮宁. 里兹向量直接叠加法在圆拱顶屋盖风致响应分析中的应用[C]. 全国结构风工程学术会议, 2004.

[178] Leung Y T. An accurate method of dynamic condensation in structural analysis[J]. International Journal for Numerical Methods in Engineering, 1978, 12 (11): 1705-1715.

[179] 杨秋伟, 刘济科. 一种改进的模型缩聚方法[J]. 力学与实践, 2006, 28 (2): 71-72.

[180] 刘济科, 杨秋伟, 邹铁方. 结构损伤识别中的模型缩聚问题[J]. 中山大学学报（自然科学版）, 2006, 45 (1): 1-4.

[181] 王文亮. 结构振动与动态子结构方法[M]. 上海: 复旦大学出版社, 1985.

[182] 任会礼, 王学林, 胡于进, 等. 模态选择方法及其在复杂结构振动分析中的应用[J]. 中国机械工程, 2008, 19 (8): 889-892.

[183] Rixen D, Farhat C, Géradin M. A two-step, two-field hybrid method for the static and dynamic analysis of substructure problems with conforming and non-conforming interfaces[J]. Computer Methods in Applied Mechanics & Engineering, 1998, 154 (3-4): 229-264.

[184] Chu M. A continuous approximation to the generalized Schur decomposition[J]. Linear Algebra & Its Applications, 1986, 78 (6): 119-132.

反侵权盗版声明

电子工业出版社依法对本作品享有专有出版权。任何未经权利人书面许可,复制、销售或通过信息网络传播本作品的行为;歪曲、篡改、剽窃本作品的行为,均违反《中华人民共和国著作权法》,其行为人应承担相应的民事责任和行政责任,构成犯罪的,将被依法追究刑事责任。

为了维护市场秩序,保护权利人的合法权益,我社将依法查处和打击侵权盗版的单位和个人。欢迎社会各界人士积极举报侵权盗版行为,本社将奖励举报有功人员,并保证举报人的信息不被泄露。

举报电话:(010)88254396;(010)88258888
传 真:(010)88254397
E-mail: dbqq@phei.com.cn
通信地址:北京市万寿路 173 信箱
    电子工业出版社总编办公室
邮 编:100036